编 委 会

高职高专任务驱动系列教材

化工图样的识读与绘制

杨　雁　主编

高金文　于月明　主审

化学工业出版社

·北京·

本教材分为两个学习情境：学习情境一为化工工艺图的识读与绘制，包括化工工艺流程图、化工设备布置图、管道布置图；学习情境二为化工设备图的识读与绘制。

本教材将以往化工制图知识重新解构，进行教学情境设计，便于任务驱动教学法的实施。内容以化工工艺流程图的绘制与识读为主，尤其注重和炼化企业相关的化工工艺流程图的绘制与识读的训练，由浅入深地进行讲解，突出能力目标，注重培养学生“做”的能力。即“识读”化工图样的能力。

本教材适用于石化类高职院校炼油技术专业的制图教学，同时也适用于其他高等职业技术院校化工类各专业的制图教学，也可作为职大、夜大、电大等相近专业的教材或参考用书。

图书在版编目（CIP）数据

化工图样的识读与绘制/杨雁主编．—北京：化学工业出版社，2012.10（2017.1 重印）
高职高专任务驱动系列教材
ISBN 978-7-122-15305-0

Ⅰ.①化… Ⅱ.①杨… Ⅲ.①化工过程-工艺图-高等职业教育-教材②化工设备-工艺图-高等职业教育-教材 Ⅳ.①TQ02②TQ050.2

中国版本图书馆 CIP 数据核字（2012）第 213873 号

责任编辑：高　钰　　文字编辑：张绪瑞
责任校对：王素芹　　装帧设计：刘丽华

出版发行：化学工业出版社（北京市东城区青年湖南街 13 号　邮政编码 100011）
印　　装：三河市延风印装有限公司
787mm×1092mm　1/16　印张 9¼　字数 214 千字　2017 年 1月北京第 1 版第 2 次印刷

购书咨询：010-64518888（传真：010-64519686）　售后服务：010-64518899
网　　址：http://www.cip.com.cn
凡购买本书，如有缺损质量问题，本社销售中心负责调换。

定　　价：26.00 元

序

2010年9月，辽宁石化职业技术学院在激烈的角逐中以其校企合作办学特色入选国家骨干校行列，2011年8月建设方案得到教育部批准，学院（南校区）炼油技术专业为学院骨干校重点建设专业之一。

炼油技术专业在建设过程中，创新了“分段实施，全程对接”人才培养模式，特别是在课程体系与教材建设上，教师们利用自身优势，深入中石油、中石化、中海油等石化行业所属企业调研，了解“十二五”期间石化行业发展规划和企业对技能人才的需求，邀请企业的专家和专业教师组成专业建设指导委员会，根据企业需求论证人培养模式和课程体系，共同制定人才培养方案。在这样的背景下开发了任务驱动系列教材，它是继学院（南校区）炼油技术专业9种项目化系列教材建设完成后，又推出的系列教材。

本套教材体现了校企合作的最新成果，是校企合作集体智慧的结晶，凝结着编写人员的辛勤付出。在编写过程中，企业工程技术人员全程参与，与教师共同研究探讨，为教材编写提供了诸多支持与方便。

高职教育作为高等教育一个全新类别，在编写过程中也面临着全新的考验，本套教材难免存在不妥之处，敬请使用本套教材的教师、同学提出宝贵意见。

王家夫

2012年12月

前言

教育部于2006年颁布了《关于提高高等职业教育教学质量的若干意见》（高教【2006】16号）文件，文件中明确了课程建设与改革是提高教学质量的核心。

文件发布之后，辽宁石化职业技术学院步入了国家骨干高职学院的行列。在骨干高职学院的建设中，根据文件要求和骨干高职院校各专业的人才培养模式（分段实施、全程对接）中的要求，要以课程建设为主要工作，同时与相关企业专业人员共同开发适合高职院校人才培养模式的项目化教学教材。

以项目化课程教学法改革传统学科传授教学法，取得了丰硕的成果。学生的学习兴趣、学习动力、自觉性、主动性、自信心、主体性和专业能力、自学能力、创新能力、团队合作能力、与人交流能力、计划策划能力、信息获取与加工能力等都得到明显提高，学生对复杂专业知识的把握情况也显著改善。

项目化课程教学改革遵循的原则充分体现了当今先进的高等教育观念。

在项目化教学改革中课程教学应进行整体设计；课程内容是职业活动导向、工作过程导向，而不是学科知识的逻辑推演导向；课程教学突出能力目标，而不仅是突出知识目标；课程内容的载体主要是项目和任务，而不是语言、文字、图形、公式；能力的训练过程必须精心设计，反复训练，而不是讲完系统的知识之后，举几个知识应用的例子；学生始终是教学过程中的主体；课程的内容和教学过程应当“做、学、教”一体化，“实践、知识、理论”一体化；更要注意在课程教学中渗透八大职业核心能力的培养。

本教材就是在这样的原则下，按照高职高专教育石油化工技术类专业培养目标和专业特点，结合石化总控工职业标准，再结合近年来制图教学的一些改革成果和编者多年的教学经验而编写成的特色教材。主要适用于石化类高职学院炼油技术专业的制图教学，同时也适用于其他高等职业技术院校化工类各专业的制图教学，也可作为职大、夜大、电大等相近专业的教材或参考用书。

本教材在结构上对传统的教学体系做了大幅度的调整，采用了“由提出任务—任务的实施—学习相关概念、知识（知识链接）—技能训练”的任务驱动模式，将各个知识点分散到相应的任务之中，学生通过完成任务的方式来掌握相关知识。在内容上，所选的基础理论以应用为目的，以必需、够用为度，强化了实践能力的培养。在绘图技能上主要以尺规绘图、徒手绘图为主，计算机绘图内容没有编入其中。全书突出了绘图、读图两方面综合能力的培养。

本书主要参考最新的《技术制图》、《机械制图》等国家标准及有关行业标准。书中的绝大部分插图都采用了计算机绘制，相关课件今后将相继推出。本书在编写过程中得到了炼化企业一线的技术专家的大力帮助，在此表示感谢。

由于编者水平有限，教材中难免存在疏漏，欢迎读者批评指正。

编者

2012年7月

目录

情境二　化工设备图的识读与绘制　66

附录 122

参考文献 137

绪论

1. 化工图样及其在生产中的作用

根据投影原理、制图标准或有关规定绘制出的表示工程对象并含有技术说明的图，称为图样。

不同性质的生产部门所使用的工程图样有不同的要求和名称，如机械图样、建筑图样、电气图样、化工图样等。

工程图样是设计、制造、使用和技术交流的重要技术文件，它不仅是生产或施工的依据，也是工程技术人员表达设计意图和交流技术思想的工具，被公认为是技术界的"语言"。

化工图样就是在化工生产中使用的工程图样。它包括化工工艺图和化工设备图。

2. 课程的作用

化工图样的绘制与识读是高等职业技术学院化工类各专业学生必修的一门专业基础课，这本教材主要适用于炼油技术、有机化工等专业学生学习，为后面学习专业课和工作打基础。

3. 课程的总体学习目标

① 掌握正投影的基本原理及其应用，培养空间想象和思维能力。

② 具有绘制和阅读化工图样的能力。掌握中级绘图员应具备的制图理论知识。

③ 学习制图国家标准及其相关的行业标准，具有查阅标准和技术资料的能力。

④ 培养认真负责的工作态度和一丝不苟的工作作风。

⑤ 能初步形成化工工程理念。

4. 课程的学习方法

本课程是一门既有理论又注重实际的课程。由于采用任务驱动教学法，学习过程中按照任务描述—任务实施—知识链接—任务评价—技能训练的程序进行，因此要进行各个环节的设置。教学过程中的任务实施环节按照以下步骤进行。

① 教师布置学习任务。

② 学生按照学习任务分组讨论，针对相关知识进行说明，每组 8 人左右，确立中心发言人。

③ 教学要求：

a. 充分利用教学资源（教材、图片、课件）；

b. 充分体现教师为主导、学生为主体的教学模式。发挥团队合作精神，提高学习效率。

④ 教师检查总结。

教学过程中的任务评价环节所需的考核评分表如下。

课内任务完成情况考核评分表

班级： 姓名： 任务名称： 评价者签名：

序号	考核指标	评分标准						
		权重/%	优秀 40分	良好 35分	中等 30分	及格 25分	不及格 15分	打分
1	完成任务的态度	5						
2	完成任务的质量	20						
3	知识应用能力	5						
4	分析能力	2						
5	计划决策能力	2						
6	书面表达能力	2						
7	语言表达能力	2						
8	信息获取能力	2						
9	自学能力	2						
10	与人合作能力	4						
11	遵守纪律	4						
总计								

情境一

化工工艺图的识读与绘制

学习目标 化工工艺图是表达化工生产过程与联系的图样。它是化工工艺人员进行工艺设计的主要内容，也是炼化工厂进行工艺安装和指导生产的重要技术文件。化工工艺图包括化工工艺流程图、化工设备布置图和管道布置图。

本情境的主要学习任务如下。

① 了解首页图、方案流程图、物料流程图、施工流程图（带控制点的工艺流程图或工艺管道及仪表流程图）的特点，掌握它们的识读及绘制方法。

② 了解化工设备布置图的识读及绘制方法，能识读化工设备布置图。

③ 掌握管道连接、交叉、弯转、重叠的规定画法，熟悉管道附件的表示法，能识读管道布置图。

④ 对管道轴测图（用平行投影法投射得到的具有立体感的单面投影图）有初步认识。

子情境一　化工工艺流程图的识读与绘制

化工工艺流程图是一种表示化工生产过程的示意图样，即按照工艺流程的生产顺序，将生产中采用的设备和管道从左至右画在平面上，并附以必要的说明。化工工艺流程图包括：方案流程图、物料流程图、带控制点的工艺流程图。通过本情境学习，要了解首页图，通过查阅相关标准读懂首页图；掌握方案流程图、物料流程图、带控制点的工艺流程图的识读与绘制方法。

任务一　认识首页图

【任务目标】

① 了解首页图中包含的内容及其作用，能看懂首页图。

② 能够查阅《化工工艺设计施工图内容和深度统一规定》和《管道仪表流程图设计规定》标准手册，并用于识读和绘制化工工艺流程图。

【任务描述】

读图 1-1-1，完成首页图中缩写词的阅读，图中共有多少种缩写词，其中“POS、TOS、SD、PID”分别是什么缩写词；“北、管底、公称通径、轴测图”的缩写词是什么？

【知识链接】

在化工工艺设计施工图中，将所采用的部分规定以图表形式绘制成首页图，以便识读和更好地使用设计文件。一般将整套工艺流程图编制成册，首页图放在第一页，以便查阅图纸相关说明。首页图图例如图 1-1-1 所示，它包括如下内容。

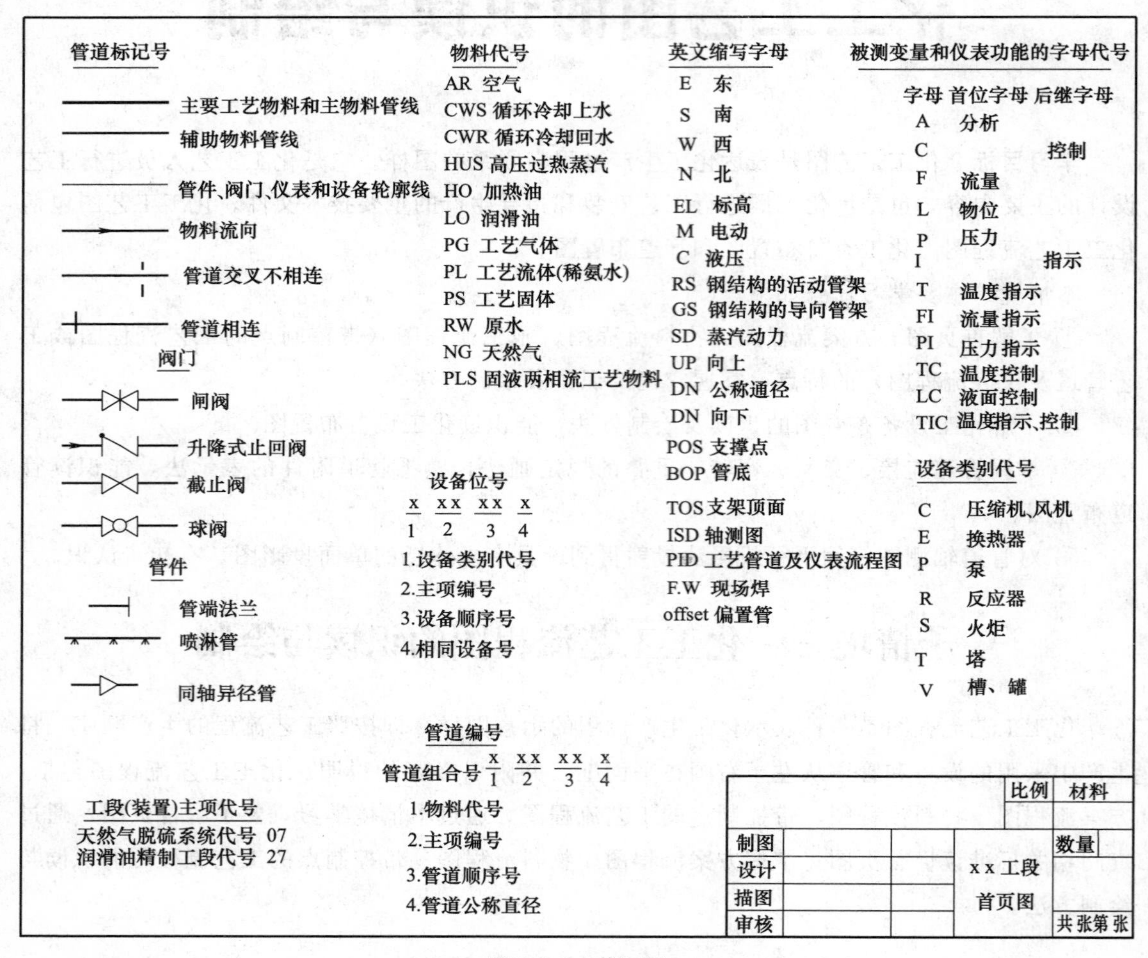

图 1-1-1 首页图

一、首页图的内容

① 装置中所采用的全部物料代号。

② 装置中所采用的全部管道、阀门、管件等的图例。

③ 管道编号说明。通常举一实例说明表示管道编号的各个单元及含义。

④ 设备编号说明。通常举一实例说明表示设备编号的各个单元及含义。

⑤ 装置中所采用的全部仪表图例、图号、代号等。

⑥ 所有设备类别代号。

⑦ 其他有关需要说明的事项。

二、阅读首页图的方法

按照首页图的内容要求，逐项查阅其中的内容。

例如，图 1-1-1 首页图包括了管道标记号、阀门形式、管件、物料代号、英文缩写字母、设备位号、管道编号、被测变量和仪表功能的字母代号、设备类别代号、工段（装置）主项代号等内容。

图 1-1-1 首页图中有关缩写词共有 20 个：从“E”是“东”的缩写词，一直到“offset”是“偏置管”的缩写词。

其中“POS、TOS、SD、PID”分别是“支承点、支架顶面、蒸汽动力、工艺管道及仪表流程图”的缩写词；“北、管底、公称通径、轴测图”的缩写词分别是“N、BOP、DN、ISD”等。

装置中所采用的设备（机器）图例及代号、物料代号、管道、阀门、管件图例、被测变量和仪表功能的字母代号可查阅《化工工艺设计施工图内容和深度统一规定》和《管道仪表流程图设计规定》标准手册。书后附录中录入了一些常用的图例、代（符）号等。

化工工艺流程图中设备、机器图例见附录一中附表 1。

化工工艺流程图上管道、阀门和管件图形符号见附录一中附表 2。

化工工艺流程图中常用物料代号按物料的名称和状态取其英文字母名字的字头组成物料代号，一般采用 2 ～3 个大写英文字母表示。常用物料代号见附录一中附表 4。

化工工艺流程图上常用缩写词见附录二。

【技能训练】

① 完成任务描述中的任务。

② 根据附录一完成下面任务。

a. 鼓风机、蛇管式换热器、离心泵、反应釜、填料塔等化工设备的类别、设备符号是什么？绘制出设备示意图。

b. 主要物料管线、辅助物料管线、设备都用什么线型绘制？

c. 工艺气体、空气、消防水、污油、气体乙烯或乙烷、放空、天然气的物料代号分别是什么？

任务二　认识化工工艺流程图的相关规定和内容

【任务目标】

① 认识带控制点的工艺流程图的基本内容。

② 认识化工工艺流程图的一般规定。

③ 能根据化工工艺流程图的相关规定，正确地绘制出带控制点的工艺流程图。

【任务描述】

图 1-1-2 是甲醇回收带控制点的工艺流程图，看图回答下面问题，然后抄绘该图。

图中图纸幅面如何选取？图中的标题栏如何绘制？文字、字母及数字怎样书写？绘图比例是多少？化工设备（机器）、管道、管件、阀门和管道附件等分别用哪种线型绘制出来？怎样标注化工设备、管道和仪表？

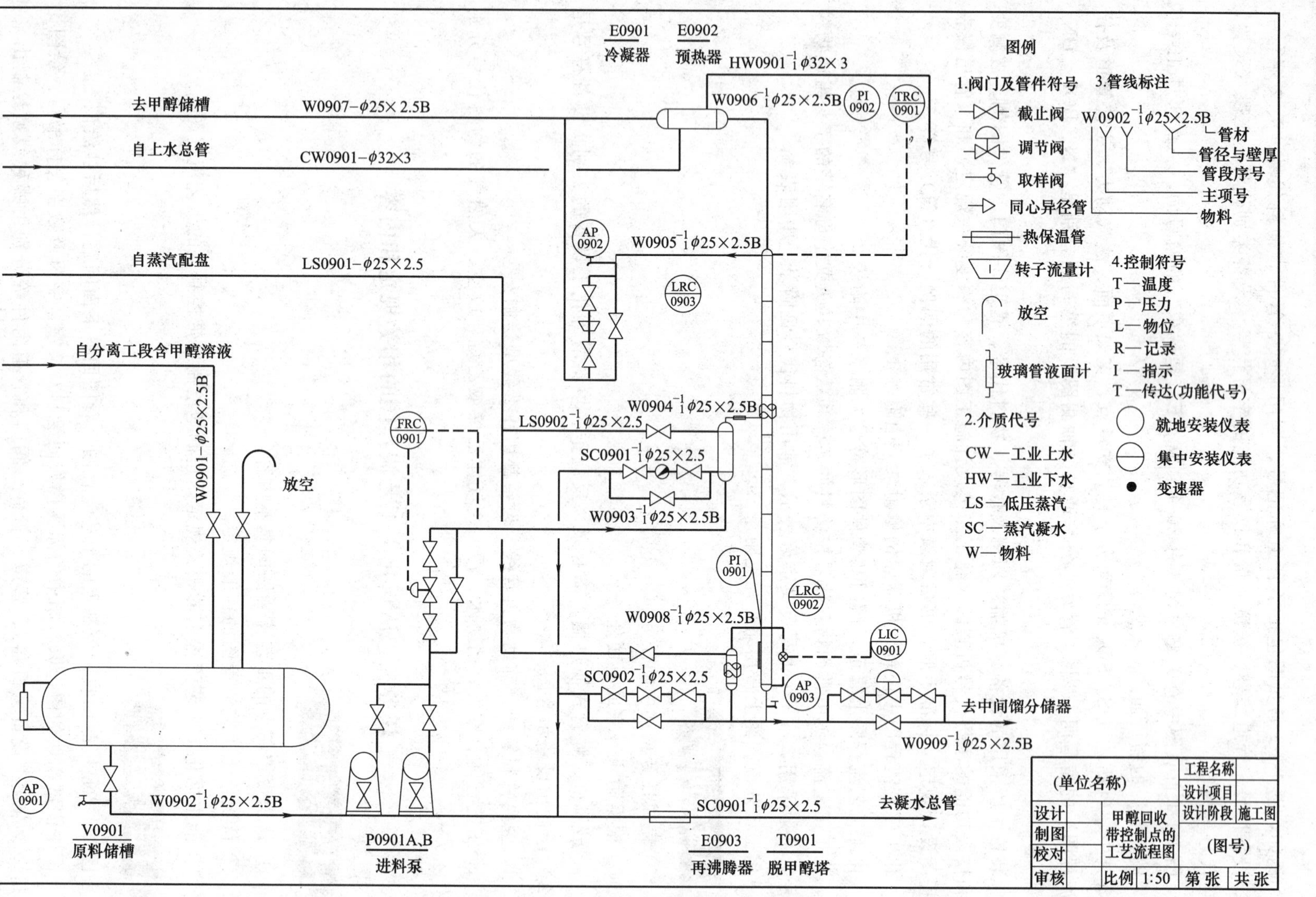

图 1-1-2 甲醇回收带控制点的工艺流程图

【知识链接】

要完成任务描述中的任务，必须了解化工工艺流程图的相关规定，认识化工工艺流程图的相关内容。下面就来学习相关知识。

一、带控制点的工艺流程图的内容

看图 1-1-2 可知，带控制点的工艺流程图一般包括以下内容。

① 图形　应画出全部设备的示意图和各种物料的流程线以及阀门、管件、仪表控制点的符号等。

② 标注　注写设备位号及名称、管段编号、控制点及必要的说明等。

③ 图例　说明阀门、管件、控制点等符号的意义。

④ 标题栏　注写图名、图号及签字等。

因此，在阅读或绘制带控制点的工艺流程图时，就必须了解图样所用图纸幅面、标题栏、标注、图例等相关知识。

二、化工工艺流程图的一般规定

1. 图纸幅面及格式（GB/T 14689—1993）

国家标准规定的图纸幅面有五种，其尺寸关系见表 1-1-1。必要时也允许加长幅面，但应按基本幅面的短边整数倍增加。化工工艺流程图常采用 A1 、A2 两种幅面形式。

表 1-1-1　图纸基本幅面尺寸　mm

幅面代号		A0	A1	A2	A3	A4
$B\times L$		841×1189	594×841	420×594	297×420	210×297
图框	a	25				
	c	10			5	
	e	20		10		

图纸上应使用中粗实线（线宽为 0.5mm 或 0.7mm）画出图框，其格式分为留装订边和不留装订边两种。

不留装订边的图框格式如图 1-1-3 所示。留装订边的图框格式如图 1-1-4 所示。

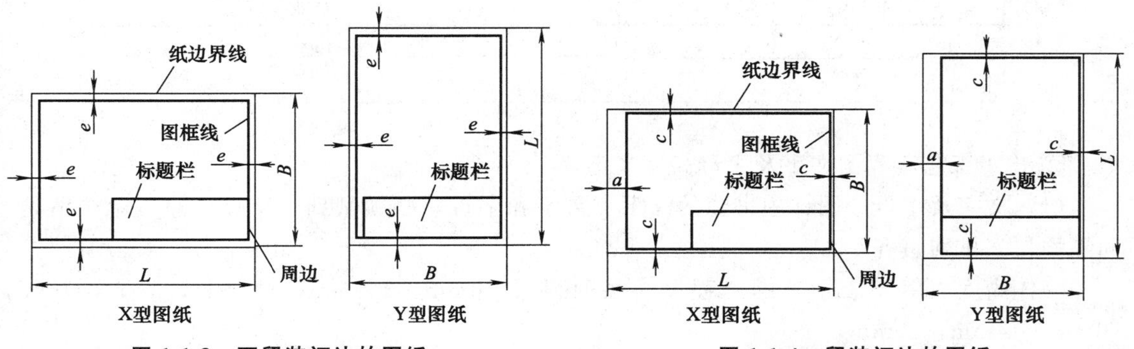

图 1-1-3　不留装订边的图纸　　图 1-1-4　留装订边的图纸

2. 标题栏（GB/T 10609.1—1989）

每张图纸都必须按规定画出标题栏，作业中可按表 1-1-2 所示的标题栏绘制。而化工工艺设计施工图的标题栏应按表 1-1-3 中标题栏绘制。

标题栏应画在图纸的右下角，并使底边和右边与图框线绘制重合，标题栏中的文字方向通常为看图方向，标题栏轮廓线为中粗实线，里面的线型为细实线（线宽为中粗实线的一半，0.25mm 或 0.35mm）。

表 1-1-2 作业用装配图标题栏与明细栏格式

12	23	20	12	12	18	(23)
序号	名称		数量	材料		备注
(图名)			比例		共 张	(图号)
			数量		第 张	
制图	(姓名)	(学号)			(校名)	
审核						

总宽 120；行高 7、14、4×7=(28)

表 1-1-3 工程用装配图标题栏与明细栏格式

15	30	55	10	30	20	
件号	图号或标准号	名称	数量	材料	单 总 质量(kg)	备注

20	25	15	15	45	30	
(设计单位名称)					(工程项目编号)	
设计				(图名)	设计项目	制图
制图					设计阶段	(图号)
描图						
校对						
校核						
审核					第 张	共 张
审定		比例			专业	

总宽 180；行高 6、13、13、(7×6=42)

3. 化工工艺流程图文字及字母高度规定

（1）文字及字母　图样中书写的汉字、数字和字母，必须做到“字体工整、笔画清楚、间隔均匀、排列整齐”。

字体高度（用 h 表示）的工程尺寸系列为：1.8mm，2.5mm，3.5mm，5mm，7mm，10mm，14mm，20mm。

汉字应写成长仿宋体字（字宽和字高比例约为 2/3），汉字高度（h）不应小于 3.5mm（3.5 号字）并应采用国家正式公布的简化字。

工艺流程图上的各种文字字体要求，0 号（A0）和 1 号（A1）标准尺寸图纸的汉字应大于 5mm。指数、分数、注脚尺寸数字一般采用小一号字体，且和分数线之间至少应有

1.5mm 的空隙，文字、字母、数字大小在同类标注中大小应相同。字体示例如图 1-1-5 所示。

10号汉字

字体工整笔画清楚间隔均匀

7号字

横平竖直注意起落结构均匀

5号字

技术制图机械电子汽车航空船舶土木建筑矿山井坑港口

图 1-1-5　长仿宋体汉字示例

推荐的字体适用对象如下。

① 7 号和 5 号字体用于设备名称、备注栏、详图的题首字。

② 5 号和 3.5 号字体用于其他设计内容的文字标注、说明、注释等。

(2) 字母和数字分为 A 型和 B 型　A 型字体的笔画宽度（d）为字高（h）的 1/14，B 型字体的笔画宽度（d）为字高（h）的 1/10。在同一图样上，只允许选用一种型式的字体。

字母和数字可写成斜体和直体。斜体字字头向右倾斜，与水平基准线成 75°。数字、字母示例如 1-1-6 所示。

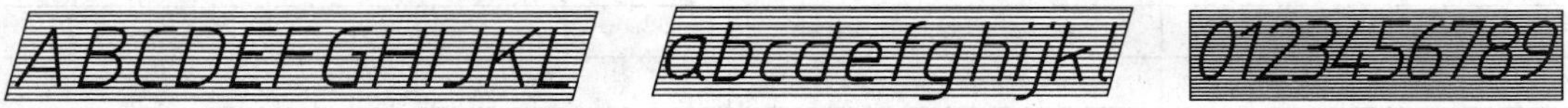

ABCDEFGHIJKL
abcdefghijkl
0123456789

图 1-1-6　B 型斜体字母和数字示例

4. 比例（GB/T 14689—1993）

制图中的绘图比例是指图样中机件要素的线性尺寸与实际机件相应要素的线性尺寸之比。如图 1-1-7 所示。

1:50
6000
1:100
6000

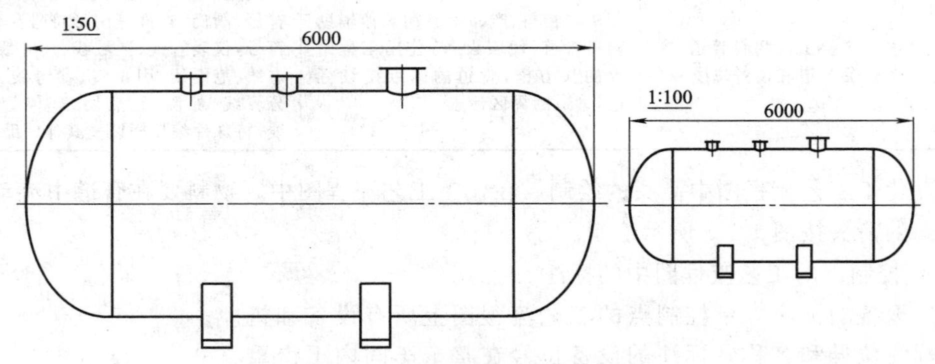

图 1-1-7　用不同比例画出的图形

绘制图样时，一般应采用表 1-1-4 中规定的比例，其中没有括号的比值为首选。绘制同一机器或设备的各个视图应采用相同的比例，并在标题栏的比例一栏中填写上比值。

为了反映它们的真实大小和便于绘图，尽可能选用 1∶1 的比例。

由于化工图样中所涉及的设备、机器都具有较大尺寸，故一般采用缩小比例。如 1∶

50，1∶100等。

表1-1-4　比例系列（其中 n 为正整数）

原值比例	1∶1					
缩小比例	(1∶1.5) (1∶1.5×10^n) (1∶6×10^n)	1∶2 1∶2×10^n 1∶10×10^n	(1∶3) (1∶3×10^n)	(1∶4) (1∶4×10^n)	1∶5 1∶5×10^n	(1∶6)　1∶10
放大比例	2∶1 2×10^n∶1	(2.5∶1) (2.5×10^n∶1)	(4∶1) (4×10^n∶1)	5∶1 5×10^n∶1		

5. 化工工艺流程图中的图线及箭头的画法

(1) 化工工艺流程图中常用的图线宽度及应用　见表1-1-5、表1-1-6所示。所有图线都要清晰、光洁、均匀，线与线间要有充分间隔，平行线之间的最小间隔不小于最宽线条宽度的两倍，在同一张图纸上，同一类的线条宽度应一致。

表1-1-5　工艺流程图上各种管道常用的图线

名　称	图　例	备　注
主物料管道	————	粗实线(0.9mm)
辅助物料管道	————	中粗实线(0.5mm或0.7mm)
引线、设备、管件、阀门、仪表等图例	————	细实线(0.25mm或0.35mm)
原有管道	——·——·——	管线宽度与其相连的新管线宽度相同
可拆短管	－－－－－－	
伴热(冷)管道	＝＝＝＝＝	
电伴热管道	＝＝·＝＝	

表1-1-6　工艺流程图上图线宽度及应用情况

线宽类别/mm	粗实线	中粗实线	细实线
	0.9～1.2	0.5～0.7	0.15～0.35
推荐	0.9	0.5	0.25
应用	主要工艺物料管道、主产品管道和设备位线号	次要物料、产品管道和其他辅助物料管道，代表设备、公用工程站等的长方框，管道的图纸接续标志，管道的界区标志	其他图形和线条。如：设备、机械图形符号，阀门、管件等图形符号和仪表图形符号，仪表管线、区域线、尺寸线、各种标志线、范围线、引出线、参考线、表格线、分界线、保温、绝热层线、伴管、夹套管线、特殊件编号框以及其他辅助线条

(2) 化工工艺流程图中箭头的绘制　在化工工艺流程图中，物料要在管道中流动，表示物料流向的箭头按图1-1-8所示绘制。

6. 带控制点的工艺流程图中的标注

(1) 设备的标注　带控制点的工艺流程图上所有设备和机器都要标注位号和名称，标注的设备位号在整个车间内不得重复，两台或两台以上相同设备联机时，在尾号部加注A、B、C等字样作为设备的尾号。一般要在两个地方标注设备位号：第一处在设备内或设备旁，用粗实线画一水平位号线，在位号线的上方标注设备位号，但应注意，此处不标注设备名称；第二处在设备相应位置图纸上方或下方，由设备位号、设备位号线

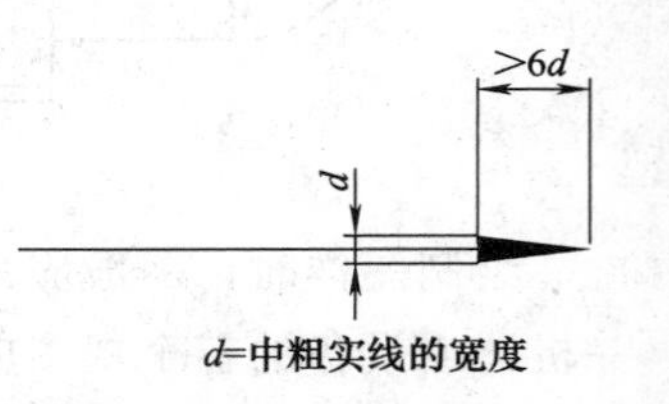

图1-1-8　表示物料流向的箭头

和设备名称组成，要求水平排列整齐，并尽可能正对设备，用粗实线画出设备位号线，在位号线的上方标注设备位号，在位号线的下方标注设备名称，设备名称用汉字（长仿宋体）标注。若在垂直方向排列设备较多时，它们的位号和名称也可由上而下按序标注。

每台设备均有相应的位号，如图 1-1-9 所示。设备位号的标注包括以下四个方面。

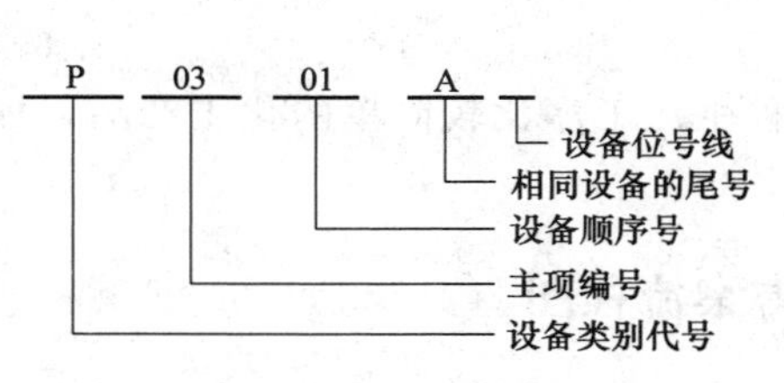

图 1-1-9　设备位号的组成

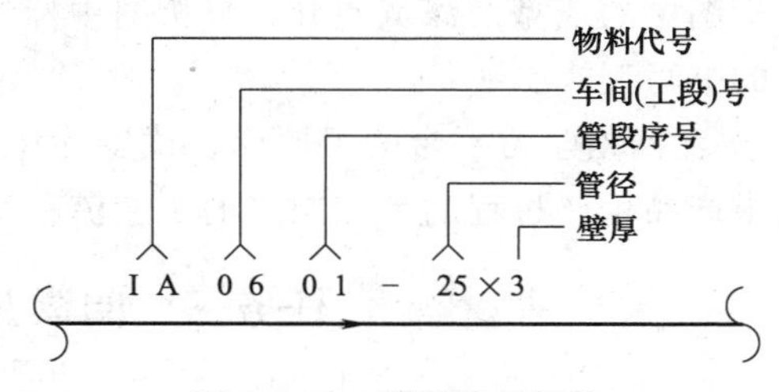

图 1-1-10　管路代号标注

① 设备类别号：按设备类别编制不同的代号，一般取设备英文名称的第一个字母（大写）作代号。具体规定见附录一中附表 1。

② 主项编号：一般采用一位或两位阿拉伯数字由前到后顺序表示，取 1～9 或 01～99。

③ 设备顺序号：一种是按同类设备在工艺流程图中流向的先后顺序编制，如图 1-1-2 的编制；另一种是将整个工段或车间的所有设备按它们在工艺流程图中的先后顺序从前到后编制，如图 1-1-14 的编制。编号方法都是采用两位数字，从 01 开始，最大 99。

④ 相同设备的尾号：设备标注的位号前三项完全相同，可用不同的尾号予以区别。按数量和排列顺序依次以大写英文字母 A、B、C 等作为每台设备的尾号。

（2）管路代号的标注　管路代号包括：物料代号、车间（工段）号、管段序号、管径、管壁等内容。必要时，还可注明管路压力等级、管路材料、隔音或隔热等代号。管路代号的标注如图 1-1-10 所示。

（3）仪表、控制点标注　在流程图中相应的管道旁用符号将仪表及控制点正确地绘出。这些符号包括图形符号和表示被测变量、仪表功能的字母代号。仪表表盘使用直径为 10mm 细实线圆表示，并用细实线连到工艺设备的轮廓线或工艺管道上的测量点，如图 1-1-11 所示。

仪表位号由字母代号组合与阿拉伯数字编号组成：第一位字母表示被测变量，后继字母表示仪表的功能（可一个或多个组合，最多不超过五个）。被测变量及仪表功能的字母组合见附录一中附表 3 和附表 5 所示。

一位或两位数字表示工段号，用两位数字表示仪表符号，不同被测参数的仪表位号不得连续编号。仪表序号编制按工艺生产流程图中仪表依次编号，如图 1-1-12 所示。

在管道仪表流程图中，仪表位号中的字母代号填写在圆圈的上半圆中，数字编号填写在圆圈的下半圆中，如图 1-1-13 所示。

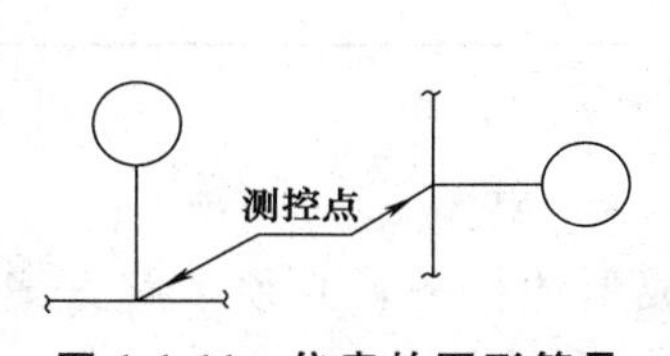

图 1-1-11　仪表的图形符号

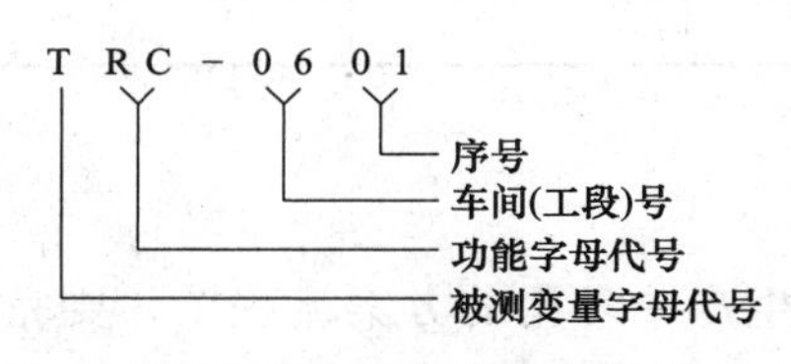

图 1-1-12　仪表位号的组成

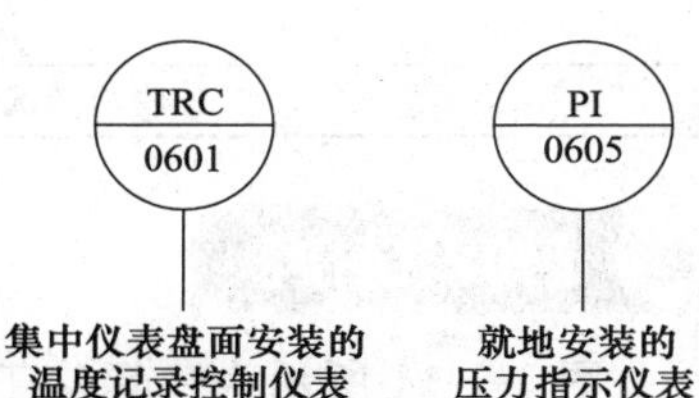

图 1-1-13　仪表位号的标注

【技能训练】

任务要求：

① 选择A4图纸抄绘图1-1-2，留装订边，横版放置，画图框线，画作业用标题栏；仔细分析图中的线型及深宽差异；分析图中标注的内容，抄写所有的标注。注意文字、数字及字母的书写型式。

② 在网络学习平台的习题库、试题库中选择一种生产工序比较简单的化工产品，抄绘该化工产品生产过程的带控制点的工艺流程图。

任务三 阅读并绘制方案流程图

【任务目标】

① 了解方案流程图的内容。

② 掌握方案流程图的阅读及绘制方法。

③ 能阅读并绘制方案流程图

【任务描述】

自行选择合适幅面的图纸抄绘图1-1-14，然后阅读此图并填写表1-1-7。

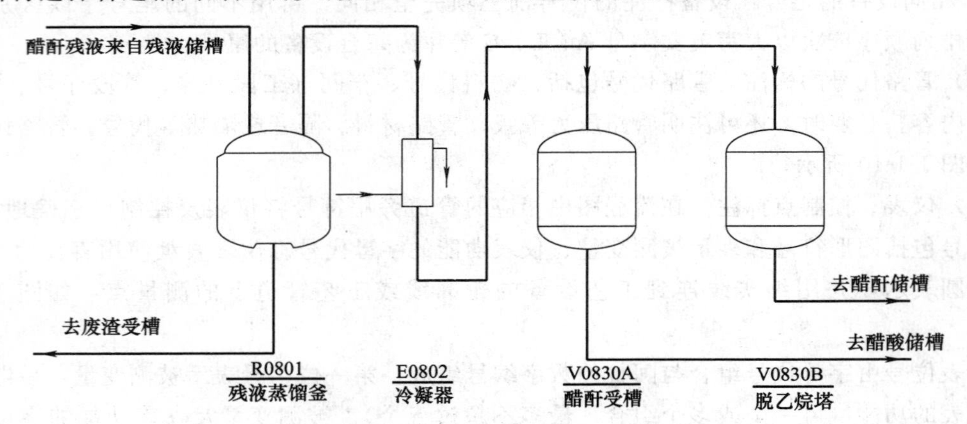

图1-1-14 某化工生产工序方案流程图

表1-1-7 任务三阅读情况表

序 号	信息种类	获取信息情况			
1	设备情况	设备名称			
		台数			
		位号			
2	物料情况				

【知识链接】

图1-1-14所示为一幅化工生产中常用的方案流程图。要完成上述任务，必须了解方案流程图的内容和其在化工生产中的作用，掌握方案流程图的阅读与绘制方法。

一、认识方案流程图

方案流程图又称流程示意图，是用来表达整个工程或车间生产流程的图样。它是工业设计开始时绘制的，供讨论工艺方案用。经讨论、修改、审定后的方案流程图，是带控制点工艺流程图设计的依据。图 1-1-15 所示为某炼油厂空压站的方案流程图，从中可看出方案流程图的内容，只需概括地说明如下两个方面即可：

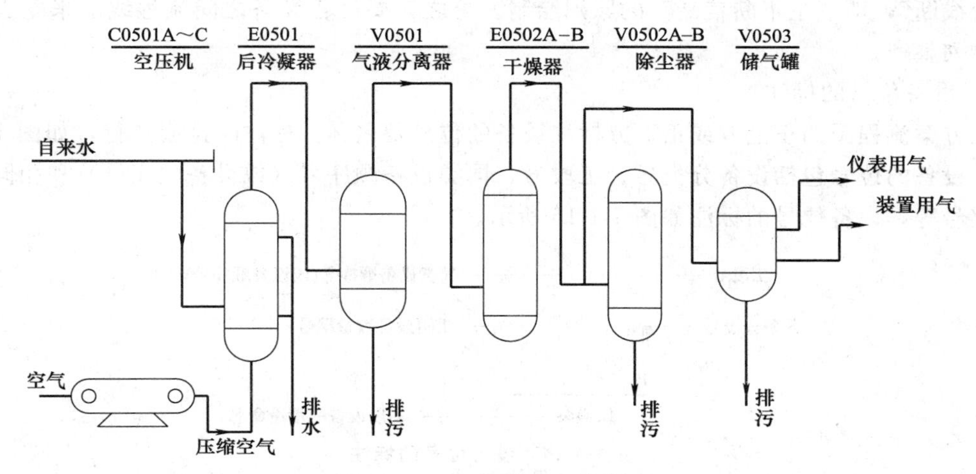

图 1-1-15　空压站方案流程图

① 物料由原料变为半成品或成品的来龙去脉——工艺流程线。

② 采用的各种机器及设备的图形、名称（用汉字说明）和位号（用字母和数字说明）。

二、阅读方案流程图

方案流程图可以从以下几个方面来进行阅读。

若有标题栏时，则可以读出以下内容：

① 从标题栏可以了解流程图的名称、图号、设计阶段、签名等。

② 从设备位号的标注可以了解设备的位号、名称及数量。

③ 从流程图中可以了解到生产过程所用设备及各种物料的来龙去脉。

没有标题栏时，第①项内容可以不考虑。

三、绘制方案流程图

方案流程图是一种示意性的展开图，即按工艺流程顺序，把设备和流程线至左向右展开，画在同一平面上，如图 1-1-15 所示。

1. 设备的画法

在图样中，用细实线按流程顺序依次画出设备示意图，一般情况下设备取相对比例，应保持它们的相对大小，允许实际尺寸过大的设备适当取缩小比例，实际尺寸过小的设备适当取放大比例。各设备之间的高低位置及设备上重要接管口的位置，需大致符合实际情况。各台设备之间应保持适当的距离，以便布置流程线。

在方案流程图中同样的设备可只画一套，对于备用设备，一般可以省略不画。例如图 1-1-15 中三台空压机仅画出一台。

2. 工艺流程线的画法

用粗实线画出主要物料工艺流程线，中粗实线画出其他辅助物料流程线，在流程线上应用箭头标明物料流向，并在流程线的起点和终点注明物料名称、来源或去向。流程线一般画成水平或垂直。

注意：在方案流程图中一般只画出主要物料工艺流程线，其他辅助流程线则不必一一画出。如遇有流程线之间发生交错或重叠而实际上并不相交时，应将其中的一线断开，同一物料流程线按“先不断后断”的原则断开其中一根；不同物料的流程线按“主物料线不断，辅助物料线断”，即“主不断辅断”的原则绘制。总之，要使各设备之间流程线的来龙去脉清晰、排列整齐。

3. 设备位号的标注

在方案流程图的正上方或正下方标注设备的位号及名称，标注时排成一行，如图 1-1-15 所示。设备的位号包括设备分类号、工段号、同类设备顺序号（或设备顺序号）和相同设备数量尾号等，设备位号的标注如图 1-1-16 所示。

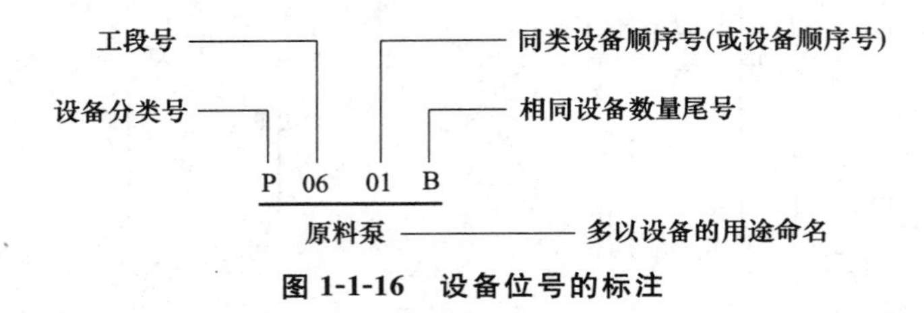

图 1-1-16 设备位号的标注

有的方案流程图上，也可以将设备依次编号，并在图纸空白处按编号顺序集中列出设备名称。对于流程简单、设备较少的方案流程图，图中的设备也可以不编号，而将名称直接注写在设备的图形上。但为了简化设计和方便阅读整套工艺图纸，还是列出各台设备的位号及名称较好。

为了给工艺方案讨论和带控制点的工艺流程图设计提供更为详细具体的资料，常将工艺流程中流量、温度、压力、液位控制以及成分分析等测量控制点画在方案流程图上，图 1-1-15 中并未画出此内容。

因为方案流程图一般只保留在设计说明书中，因此，方案流程图的图幅一般不作规定，图框、标题栏也可省略。

以图 1-1-15 为例说明阅读方案流程图的方法和步骤。

通过阅读空压站方案流程图，可以填写出表 1-1-8 中的内容。

表 1-1-8 空压站方案流程图的阅读情况表

序号	信息种类	获取信息情况						
1	设备情况	设备名称	空压机	后冷凝器	气液分离器	干燥器	除尘器	储气罐
		台数	3	1	1	2	2	1
		位号	C0501	E0501	V0501	E0502	V0502	V0503
2	物料情况	空气	流程：空气→压缩机→后冷凝器→气液分离器→干燥器→除尘器→储气罐→仪表用气及装置用气					
		自来水	流程：自来水→后冷却水→排水					

训练方式：

① 完成图 1-1-14 的绘制和阅读。

② 通过网络学习平台的习题库、试题库查找资料，选择一种化工产品抄绘该化工产品生产过程的方案流程图，并完成方案流程图的阅读。

任务四　阅读并绘制物料流程图

【任务目标】

① 了解物料流程图的内容。

② 掌握物料流程图的阅读及绘制方法。

③ 能阅读并绘制物料流程图。

【任务描述】

如图 1-1-17 所示为化工厂某生产工段的物料流程图，要求抄绘此图样并进行阅读。通过读图 1-1-17 可填写表格 1-1-9。

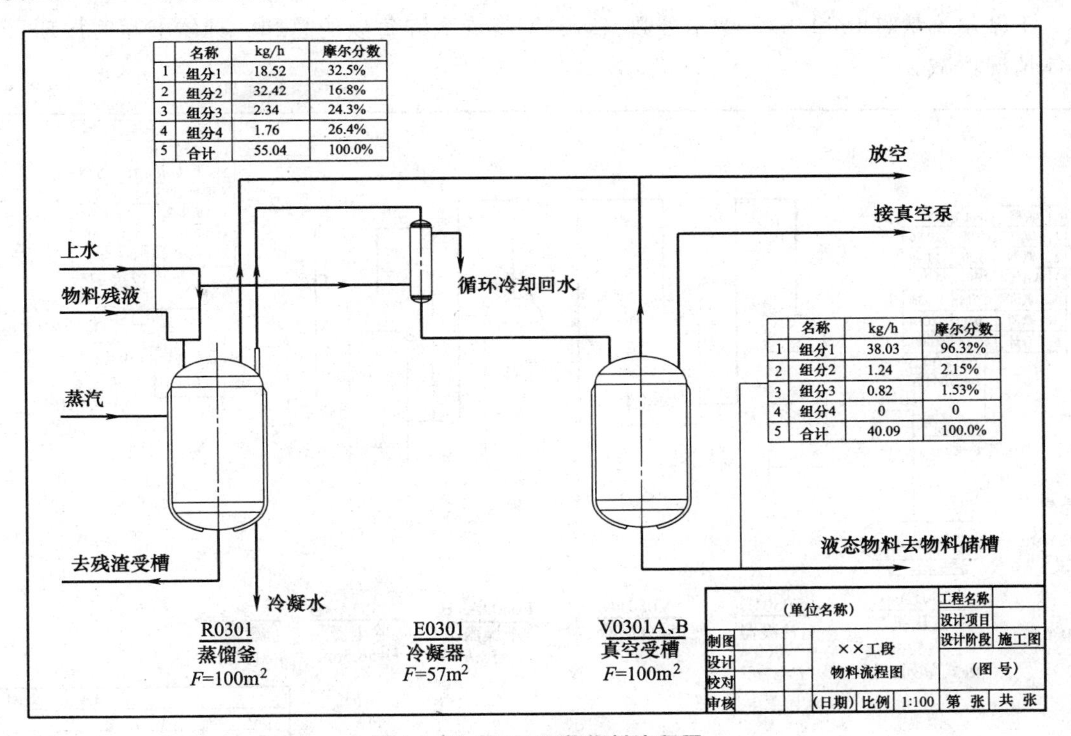

图 1-1-17　××工段物料流程图

表 1-1-9　任务四阅读情况表

序号	获取信息种类	获取信息情况				备注
1	设备情况	设备				
		台数				
		位号				
2	主要物料 工艺流程	物料残液				
3	物料情况举例					

【知识链接】

要完成图 1-1-17 的识读与绘制，必须了解物料流程图的内容和其在化工生产中的作用，掌握物料流程图的绘制与阅读方法。

一、认识物料流程图

物料流程图是在工艺设计初步阶段，完成物料衡算和热量衡算时绘制的。它是在方案流程图的基础上，采用图形与表格相结合的形式反映设计中物料衡算和热量衡算结果的图样。物料流程图为设计审查提供资料，也是进一步设计的依据，还可随时为实际生产操作提供参考。

图 1-1-18 所示为某化工厂空压站的物料流程图。从图中可以看出，物料流程图的内容、画法和标注与方案流程图基本一致，只是增加了以下一些内容。

① 设备的位号、名称下方，注明了一些特性数据或参数。如换热器的换热面积；塔设备的直径与高度；贮罐的容积；机器的型号等。

② 物料的流量起始部位和物料产生变化的设备之后，列表注明物料变化前后组分的名称、千摩尔流量（kmol/h）、摩尔分数（y/%）等参数和每项的总和。具体书写时按项目依具体情况增减。

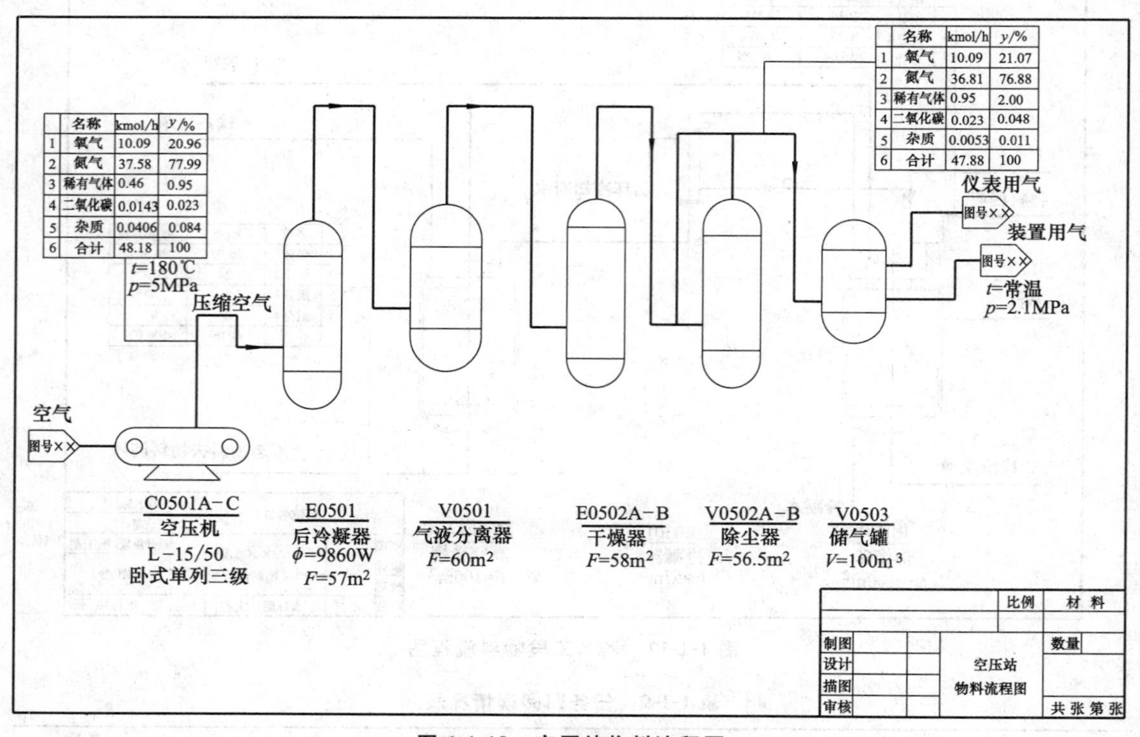

	名称	kmol/h	y/%
1	氧气	10.09	20.96
2	氮气	37.58	77.99
3	稀有气体	0.46	0.95
4	二氧化碳	0.0143	0.023
5	杂质	0.0406	0.084
6	合计	48.18	100

	名称	kmol/h	y/%
1	氧气	10.09	21.07
2	氮气	36.81	76.88
3	稀有气体	0.95	2.00
4	二氧化碳	0.023	0.048
5	杂质	0.0053	0.011
6	合计	47.88	100

图 1-1-18 空压站物料流程图

二、识读物料流程图

识读物料流程图的方法和步骤可参见识读方案流程图，两者大致相同。

1. 识读物料流程图时的注意事项

① 首先了解工艺流程中主要设备或装置的形式，物料走向，原料、辅助物料、产品、

副产品的情况。

② 了解物料进入各装置或设备前后的组成、流量、压力、状态的变化情况，了解需用的水、蒸汽、空气、燃气等公用物料要求，正常或最大、最小使用量及使用后的特性、去向等。

③ 物料流程图有时将同类型设备只画出一台，但绘制带控制点的工艺流程图时根据物料平衡表的结果进行选型设计，可能会出现数台设备并联使用或留有备用机组的情况。故物料流程图只表示物料通过这类设备或装置的物料量，而不能表明设备或装置的数量。

④ 物料流程图上物料流量或其他参数指的都是正常工艺控制指标。但若其流量峰值（如开车或停车）与正常指标相差较大且需维持一定使用时间时，在进行管径核算或设备选型、辅助动力配套时均应考虑这些特殊情况。

⑤ 从所列物料表格重点读出物料变化情况。

2. 识读物料流程图的方法和步骤

下面以图 1-1-18 所示的物料流程图为例，说明识读物料流程图的方法及步骤。

从图中可以读出如下信息：

① 看标题栏　图样名称为空压站物料流程图。

② 看设备位号　空压站物料流程图包括：卧式单列三级空压机 3 台，其位号为 C0501；后冷凝器一台，其位号为 E0501，面积为 $57m^2$；气液分离器 1 台，位号为 V0501，面积为 $60m^2$；干燥器 2 台，位号为 E0502，面积为 $58m^2$；除尘器 2 台，位号为 V0502，面积为 $56.5m^2$；储气罐 1 台，位号为 V0503，容积为 $100m^3$。

③ 看工艺流程线　主要物料工艺流程：空气→空压机→后冷凝器→气液分离器→干燥器→除尘器→储气罐→仪表用气及装置用气。

④ 看物料表格　物料表格所得信息：空气的组成为 O_2、N_2、稀有气体、CO_2、杂质。空压机压缩后的压缩空气以及从除尘器出来的净化后空气对应各种气体的流量及组成见图 1-1-18 中表格。

例如稀有气体进入后冷却器前的流量和摩尔分数分别是 0.46kg/h、0.95%，从除尘器出来的流量和摩尔分数分别是 0.95kg/h、2.00%。

三、绘制物料流程图

物料流程图的绘制与方案流程图的绘制完全相同，只是在此基础上加上表格和指引线。

表格线和指引线都用细实线绘制。

另外物料在流程图中的某些工艺参数（如温度、压力等）也可以在流程线旁注出。

物料流程图由带箭头的物料线与若干个表示工段（或设备、装置）的简单的外形图构成。

物料流程图中须标注：

① 装置或工段的名称及位号、特性参数；

② 带流向的物料线；

③ 物料表。对物料发生变化的设备，要从物料管线上引线列表表示该物料的种类、流量、组成等，每项均应标出其总和数。

训练方式：

① 完成图 1-1-17 的绘制与阅读。

② 通过网络学习平台的习题库、试题库查找资料，选择一种化工产品抄绘该化工产品生产过程的物料流程图，并完成物料流程图的阅读。

任务五 阅读并绘制带控制点的工艺流程图

【任务目标】

① 详细了解带控制点的工艺流程图的内容。

② 掌握带控制点的工艺流程图的阅读及绘制方法。

③ 能阅读并绘制带控制点的工艺流程图。

【任务描述】

① 用 A4 图纸抄画如图 1-1-19 所示的带控制点工艺流程图。

② 仔细分析图中的线型及深宽差异。

③ 分析图中标注的内容，标注所有设备、管道、仪表。

④ 阅读该带控制点的工艺流程图。

【知识链接】

图 1-1-19 为空压站带控制点的工艺流程图，图中表达了化工生产从原料到成品的整个过程，如物料的来源和去向，采用了哪些生产设备，生产过程中的控制方式等。这种图样是化工生产过程中最常用到的技术文件，是炼化工厂工程技术人员必须掌握的交流工具。要完成本任务，必须搞清楚如何表示物料的来源和去向，如何表达流程图中的生产设备和仪表控制点等内容，如何绘制和读懂带控制点的工艺流程图。下面只介绍前面尚未提及到的相关知识。

一、认识带控制点的工艺流程图

带控制点的工艺流程图是借助统一规定的图形符号和文字代号，用图示的方法把某种化工产品生产过程所需的全部设备、仪表、管道、阀门及主要管件，按其各自的功能，并为满足工艺要求和安全、经济目的组合起来而绘制的化工图样，以起到描述工艺装置的结构和功能的作用。带控制点的工艺流程图不仅是设计、施工的依据，也是企业管理、试运转、操作、维修和开停车等方面所需的完整技术资料的一部分。带控制点的工艺流程图有助于简化承担工艺装置的开发、工程设计、施工、操作和维检修等任务的各部门之间的交流。

带控制点的工艺流程图是一种示意性的展开图，通常以工艺装置的主项（工段或工序）为单元绘制，也可以装置为单元绘制，按工艺流程顺序把设备、管道流程自左至右展开画在同一平面上。

带控制点的工艺流程图一般包括以下几个方面内容。

① 图形。用规定的图形符号和文字代号表示设计装置的各个工序中工艺过程所需的全部设备、机器，全部管道、阀门、主要管件，全部工艺分析取样点和检测、指示、控制功能仪表控制点等。

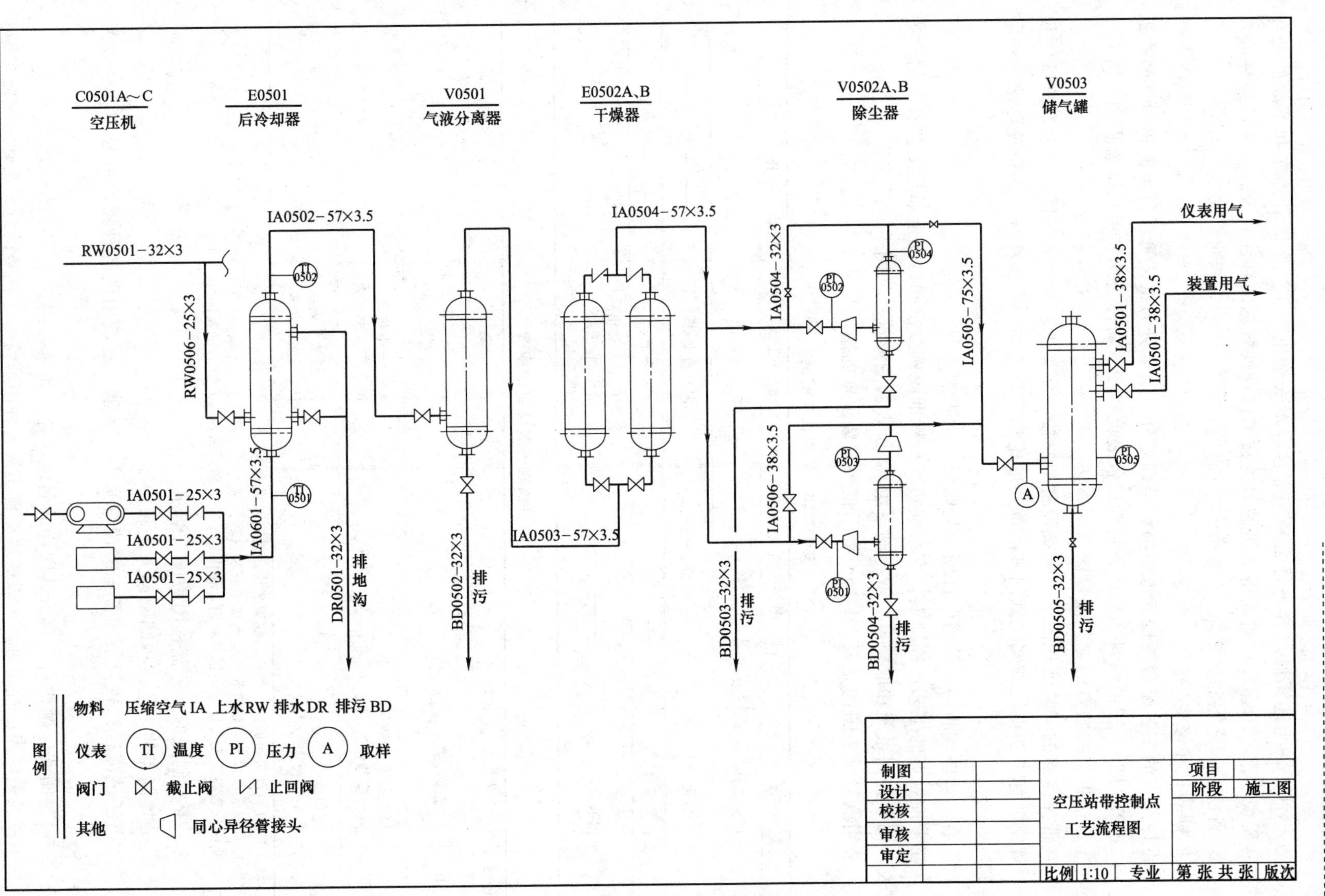

图 1-1-19　空压站带控制点工艺流程图

② 标注。对上述图形内容进行编号和标注；对安全生产、试车、开停车和事故处理在图上需要说明事项的标注；对设备、机械等的技术选择性数据的标注；设计要求的标注等。

③ 备注栏、详图和表格。

④ 标题栏和修改栏。

带控制点的工艺流程图按管道中物料类别划分，通常分为工艺管道仪表流程图（简称工艺 PI 或 PID 图）、辅助物料和公用物料管道仪表流程图（简称公用物料系统流程图）两类。

二、认识带控制点的工艺流程图图示方法

在带控制点的工艺流程图上，所有设备都应按《化工工艺设计施工图内容和深度统一规定》规定的标准图例用细实线画出其简单外形轮廓和其内部的主要特征。图例见附录一中附表 1。

管道、管件、阀门、管道附件图例见附录一中附表 2。

在带控制点的工艺流程图上，应用细实线按标准图例画出和标注全部与工艺有关的检测仪表，调节控制系统和取样点、取样阀（组）。仪表的图形符号如图 1-1-11 所示。

常用测量仪表图例见表 1-1-10。表示仪表安装位置的图例见表 1-1-11。

表 1-1-10　常用仪表图例

测量仪表	图　例	测量仪表	图　例
孔板流量计		靶式流量计	
转子流量计		涡轮流量计	
文氏流量计		膨胀节	
电池流量计		处理两个参量相同（或不同）功能的复式仪表	

表 1-1-11　仪表安装位置的图例

序号	安装位置	图　例	序号	安装位置	图　例
1	就地仪表		4	就地仪表盘面安装仪表	
2	嵌在管道中的就地安装仪表		5	集中仪表盘后安装仪表	
3	集中仪表盘面安装仪表		6	就地仪表盘后安装仪表	

注：1. 仪表盘包括屏式、柜式、框架式仪表盘和操纵台等。
2. 就地仪表盘面安装仪表包括就地集中安装仪表。
3. 集中仪表盘面安装仪表包括盘后面、柜内、框架上和操纵台内安装的仪表。

三、带控制点的工艺流程图阅读与绘制

1. 带控制点的工艺流程图阅读方法和步骤

① 若工艺流程比较复杂，首先阅读首页图，弄清流程图中的各种图形符号和文字代号的含义。

② 通过阅读标题栏，了解所读图样的名称，并了解本张图在系统中的位置。

③ 若工艺流程比较简单，可以通过图例了解各种图形符号、代号的意义及管道的标注等。

④ 读懂带控制点的工艺流程图所描述的工艺装置结构和功能。具体包括：

a. 了解系统中设备的数量、名称及位号；

b. 了解主要物料的工艺流程；

c. 了解其他物料的工艺流程；

d. 了解仪表控制点情况；

e. 了解阀门的种类、作用、数量等；

f. 了解主要管件的种类、作用、数量等。

2. 阅读带控制点的工艺流程图

以图 1-1-20 天然气脱硫系统带控制点的工艺流程图为例，说明其阅读方法。

(1) 阅读标题栏　由标题栏可知，该流程图为天然气脱硫系统带控制点的工艺流程图。

(2) 阅读图例　由图例可知，该流程图包括了截止阀、闸阀和止回阀三种阀门；物料中 NG 代表天然气，PL 代表稀氨水，AR 代表空气，RW 代表原水，SG 代表合成气；仪表中 PI 代表压力表，A 代表取样点。

(3) 了解设备的数量、名称和位号　天然气脱硫系统的工艺设备共有 9 台。其中有相同型号的罗茨鼓风机两台（C0701A、B），一个脱硫塔（T0701），一个氨水储槽（V0701），两台相同型号的氨水泵（P0701A、B），一台空气鼓风机（C0702），一个再生塔（T0702），一个除尘器（T0703）。

(4) 了解主要物料的工艺流程

① 天然气　由配气站来的天然气原料，经罗茨鼓风机加压后，从脱硫塔底部进入，与塔顶喷淋下来的氨水气液逆流接触，天然气中的有害物质硫化氢被氨水吸收脱除。脱除硫化氢后的天然气进入除尘塔，在塔中经水洗进一步除尘和去除微量杂质后由塔顶出去送至后续造气工段。

② 氨水　由碳化工段来的稀氨水进入氨水储槽，经氨水泵加压后从脱硫塔上部进入。吸收了硫化氢的氨水从脱硫塔底部流出，经氨水泵加压后打入再生塔，在再生塔中与新鲜空气接触发生氧化反应，脱除废氨水中的硫化氢，产生的酸性合成气从再生塔塔顶出去被送到硫磺回收装置，从再生塔底部出来的再生氨水由氨水泵打入脱硫塔后循环使用。

(5) 了解辅助介质的流程　由空气鼓风机来的空气用来除去废氨水中的硫化氢；由自来水总管来的原水从除尘塔上部进入塔中，用来除去脱硫气体中的微量杂质。

(6) 了解动力情况　两台并联的罗茨鼓风机（工作时一台备用）是整个系统中流动介质的动力。空气鼓风机的作用是从再生塔下部送入新鲜空气，将废氨水里的含硫气体除去，通过塔顶排空管送到硫磺回收装置。

(7) 了解仪表控制点情况　在两台罗茨鼓风机的出口、两台氨水泵的出口和除尘塔下部物料入口处，共有 5 块就地安装的压力指示仪表；在天然气原料线、再生塔底出口和除尘塔料气入口处，共有 3 个取样分析点。

(8) 了解阀门种类、作用和数量　该系统各管段均装有阀门，对物料进行控制。共使用了三种阀门：截止阀 9 个，闸阀 7 个，止回阀 2 个。止回方向是由氨水泵打出，不可逆向回流，以保证生产安全。

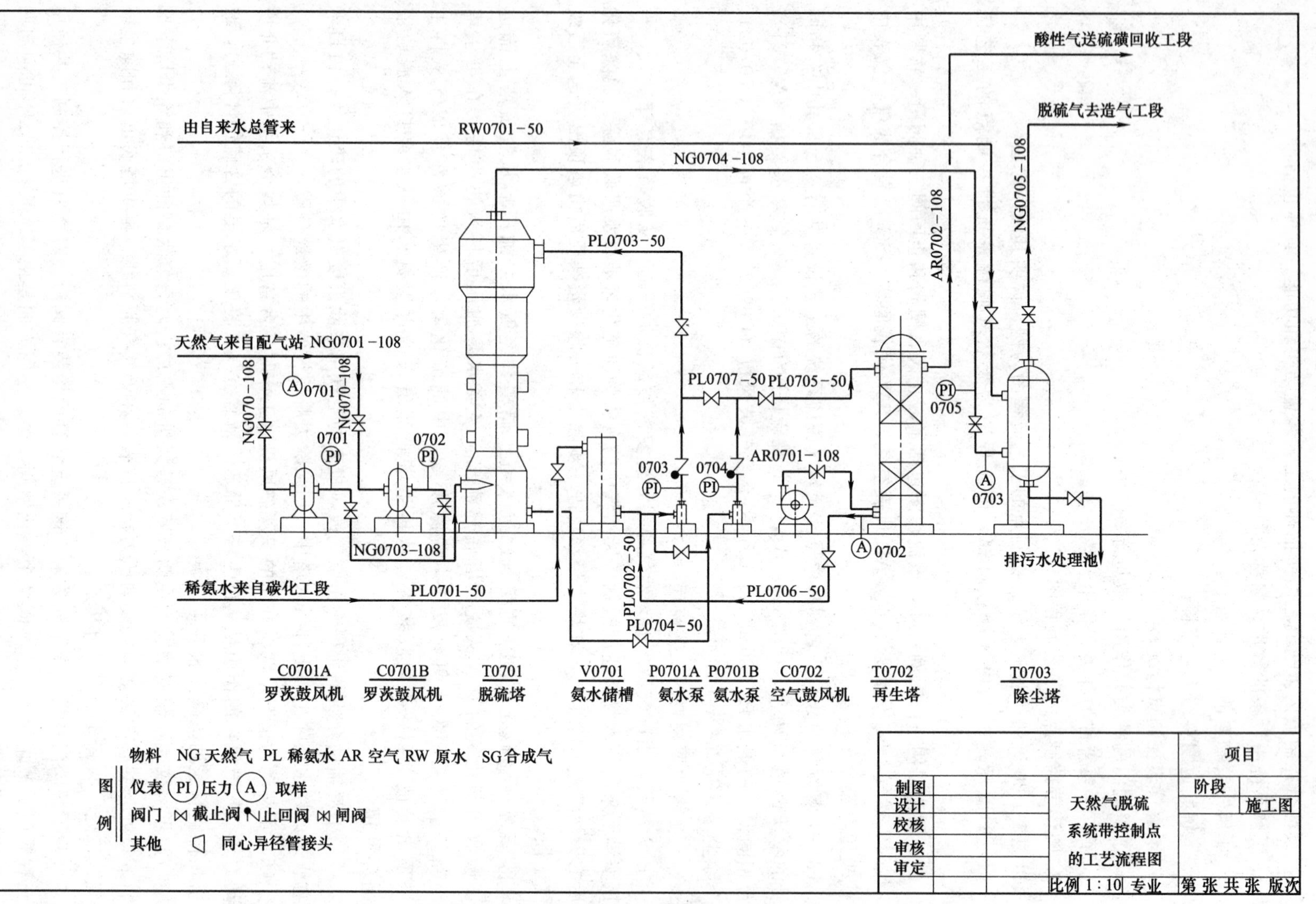

图 1-1-20 天然气脱硫系统带控制点的工艺流程图

天然气脱硫系统带控制点的工艺流程图阅读的具体信息见表1-1-12。

表1-1-12　天然气脱硫系统管道仪表流程图阅读

获取信息途径	信息种类	获取信息情况	备注
图例	阀门	截止阀、闸阀、止回阀	符号见图例
	物料	天然气，稀氨水，空气，原水，合成气	
	仪表	压力表、分析仪表	
标题栏	图纸名称	天然气脱硫系统带控制点的工艺流程图	
设备标注	设备数量、名称及位号	罗茨鼓风机两台(C0701A、B)，一个脱硫塔(T0701)，一个氨水储槽(V0701)，两台相同型号的氨水泵(P0701A、B)，一台空气鼓风机(C0702)，一个再生塔(T0702)，一个除尘器(T0703)	
工艺流程图	天然气流程	天然气来自配气站→罗茨鼓风机→脱硫塔→除尘塔→脱硫气去造气工段	
	氨水流程	稀氨水来自碳化工段→氨水储槽→氨水泵→脱硫塔→氨水泵→再生塔→氨水泵→脱硫塔循环	
	空气流程	空气→空气鼓风机→再生塔→酸性气送硫磺回收工段	
	原水流程	自来水→除尘塔→排污水处理池	
	仪表控制点	5块压力表、3个取样分析点	
	阀门情况	截止阀9个、闸阀7个、回止阀2个	

3. 绘制带控制点的工艺流程图的方法和步骤

（1）带控制点工艺流程图绘制步骤

① 根据图幅确定设备图例大小、位置，以及相互之间的距离，采用细点画线从左至右按流程确定各设备的中心位置，对初学者，可以用纸剪成设备图样，写上设备名称，在要绘制的图纸上摆放，以期找到设备的合理布置位置。

② 用细实线先绘制出地平线，再按照流程顺序和标准图例画出设备（机器）的规定图例，各设备（机器）横向间要留有一定间距，以便布置管道流程线。

③ 先用细实线按流程顺序和物料种类，逐一画出各种物料线，并配以表示流向的箭头。

④ 用细实线画出管道流程图的阀门、管件以及工艺检测仪表、调节控制系统、分析取样点的符号和代号。

⑤ 绘制完成后，按照流程顺序检查，看是否有漏画、错画情况，并进行适当的修改和补画。

⑥ 按标准将主要物料流程线改成粗实线，辅助物料流程线改成中粗实线，并给出表示物料流向的标准箭头。

⑦ 分别对设备（机器）、管道等进行标注。

⑧ 给出各种图例与代号、符号说明。

⑨ 填写标题栏，并给出相应的文字说明。

（2）带控制点的工艺流程图绘制实例

以天然气脱硫系统带控制点的工艺流程图为例说明绘制方法与步骤。

① 先用细实线绘制出地平线，再按照流程从左到右画出设备（机器）的规定图例，如图1-1-21所示。

② 用粗实线画出主要物料管道流程线，并配以表示流向的箭头；用中粗实线画出辅助

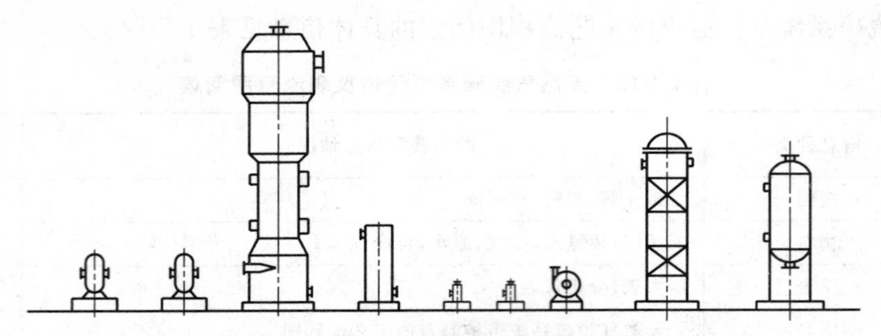

图 1-1-21 天然气脱硫系统带控制点的工艺流程图绘制步骤（一）

物料、公用物料管道流程线，并配以表示流向的箭头，如图 1-1-22 所示。

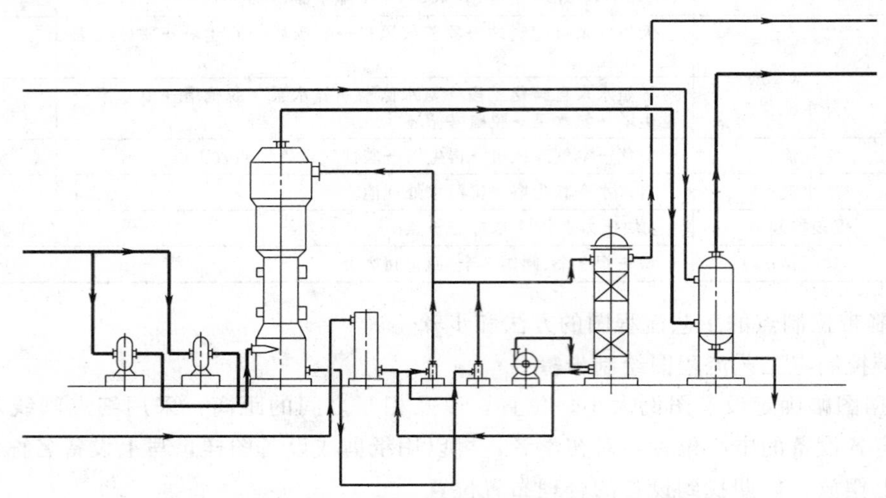

图 1-1-22 天然气脱硫系统带控制点工艺流程图绘制步骤（二）

③ 用细实线画出管道流程线上的阀门、管件以及与工艺有关的检测仪表、调节控制系统、分析取样点的符号和代号。如图 1-1-23 所示。

④ 绘制完成后，按照流程顺序检查，看是否有漏画、错画情况，并进行适当的修改和

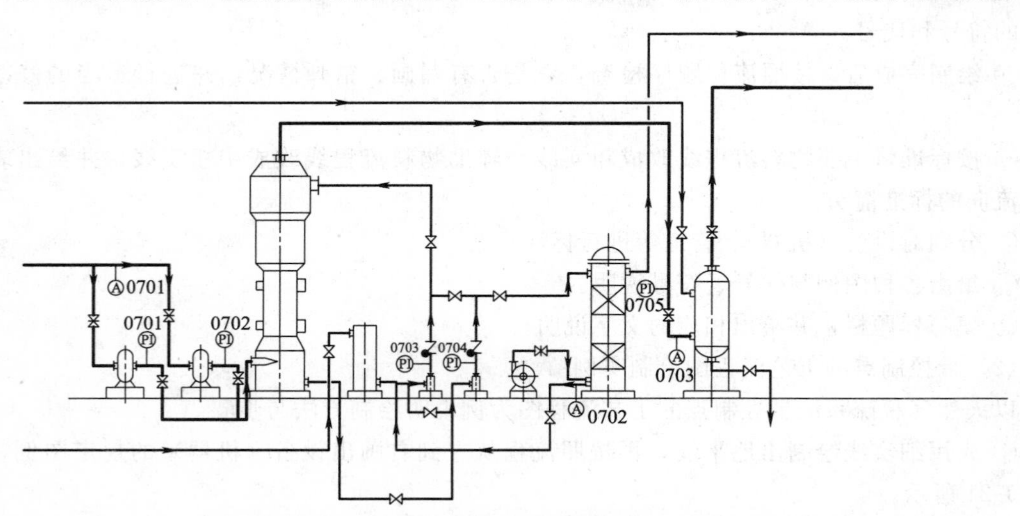

图 1-1-23 天然气脱硫系统带控制点工艺流程图绘制步骤（三）

补画。

⑤ 分别对设备（机器）、管道等进行标注；填写备注栏、详图和表格；填写标题栏和修改栏。最后完成图样如图 1-1-20 所示。

【技能训练】

训练方式：

① 绘制并阅读图 1-1-19 所示带控制点的工艺流程图。

② 通过网络学习平台的习题库、试题库查找资料，选择一种化工产品抄绘该化工产品生产过程的带控制点的工艺流程图，并完成该图的阅读。

【任务五指导】

一、作图步骤

① 按流程顺序用细实线绘制图中机器和设备的简单外形。有些设备的主要管口要画出。

② 按物料走向用粗实线画出主要物料的流程线。

③ 用中粗实线画出辅助物料的流程线。

④ 用细实线按规定的图形符号画出所有阀门。

⑤ 用细实线按规定的图形符号画出所有仪表及控制点。

⑥ 标注设备的位号、名称、流程线和仪表控制点的编号，物料的来源与去向。

二、阅读图样

1. 了解设备的数量、名称和位号

从图形上方的设备标注中可知空压站工艺设备有 10 台，其中动设备 3 台，即相同型号的 3 台空气压缩机（C0501A～C）；静设备 7 台，包括 1 台后冷却器（E0501）、1 台气液分离器（V0501）、2 台干燥器（E0502A、B）、2 台除尘器（V0502A、B）和 1 台储气罐（V0503）。

2. 分析主要物料的工艺流程

从空压机出来的压缩空气，经测温点 TI0501 进入后冷却器。冷却后的压缩空气经测温点 TI0502 进入气液分离器，除去油和水的压缩空气分两路进入两干燥器进行干燥，然后分两路经测压点 PI0501、PI0502 进入两台除尘器。除尘后的压缩空气经取样点进入储气罐后，送去外管道供使用。

3. 分析其他物料的工艺流程

冷却水沿管道 RW0501-32×3 经截止阀进入后冷却器，与温度较高的压缩空气进行热交换后，经管道 DR0501-32×3 排入地沟。

4. 了解阀门、仪表控制点的情况

从图中可以看出，主要有 5 个止回阀，分别安装在空压机、干燥器的出口处，其他均是截止阀。仪表控制点有温度显示仪表 2 个，压力显示仪表 5 个。这些仪表都是就地安装仪表。

5. 了解故障处理流程线

空气压缩机有 3 台，其中 1 台备用。假若压缩机 C0501A 出现故障，可先关闭该机的进口阀，再开启备用机 C0501B 的进口阀并启动。此时压缩空气经 C0501B 的出口阀沿管道

IA0501-25×3 进入后冷却器。

三、注意事项

① 设备的大小不必按比例画出，但必须近似反映其相对大小和高低位置。

② 流程线的长短不反映管道的真实长短，但要近似反映出其高低位置。

③ 流程线一般不应相交，相交时应尽量避开，如果一定交叉，就按“同一物料‘先不断后断’；不同物料‘主不断辅断’”的原则断开其中一根画出。

④ 画图时应按流程顺序绘制。

⑤ 注意用粗实线和中粗线区分主要物料的流程线和辅助物料的流程线。

⑥ 注意文字和符号及字母的书写形式。本图中文字用长仿宋体，数字及字母用斜体形式书写。

子情境二　化工设备布置图的识读

工艺流程设计所确定的全部设备，必须根据生产工艺的要求与场地的情况，以及不同设备的具体情况，在厂房建筑的内外进行合理的布置，并安装固定，才能确保生产的顺利进行。用以表达厂房建筑物内外设备安装位置的图样称为设备布置图。它用于指导设备的安装施工，并且作为管道布置设计、绘制管道布置图的重要依据。它是在建筑图的基础上绘制出的图样，而建筑图是用以表达建筑设计和指导施工的图样。它将建筑物的内外形状、大小及各部分的结构、装饰、设备等，按技术制图国家标准和国家工程建设标准（GBJ）规定，用正投影法准确而详细地表达出来。因此通过本学习情境，应掌握正投影法的基本原理和三视图的形成过程及投影规律；能运用正投影法绘制和识读简单组合体的三视图并标注尺寸；了解建筑制图的基本内容；掌握设备布置图的绘制与识读方法；能识读设备布置图。

任务一　简单几何体三视图的绘制

【任务目标】

① 建立投影法的概念，掌握正投影法的基本原理和正投影的基本性质。

② 掌握三视图的形成过程及投影规律。

③ 能运用正投影法绘制简单形体的三视图并标注尺寸。

【任务描述】

① 从正前（箭头所示方向）、正上、正左三个方向观察给定模型［见图 1-2-1（a）］，哪个方向观察的图形与模型最相像，将其作为主视方向，画出物体的三视图并标注尺寸。

② 用 A4 图纸类似图 1-2-1（b）绘制出至少两组（不包括此图）给定模型的三视图。

【知识链接】

图 1-2-1（a）是物体的轴测图（俗称立体图），这种图直观性好，容易看懂，但表面形状改变，不能反映真实形状，且绘图复杂。图 1-2-1（b）是物体的三视图，它们都是平面图形，物体的表面能够真实地反映出来，作图简单。在工程中，一般使用视图的方法来表达

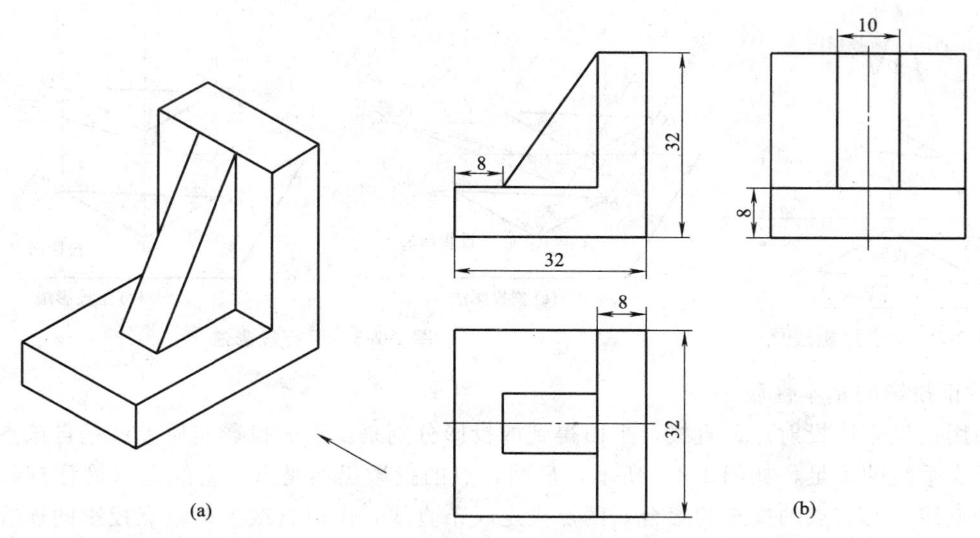

图 1-2-1　物体的三维模型及三视图

物体。

因此，要完成任务描述中的任务，首先应掌握绘制视图的原理——正投影法，掌握三视图的规律及绘制方法，充分理解和熟练运用视图之间的投影规律，从而掌握在制图中绘制工程图样的方法。

一、投影法与正投影

1. 投影的概念

当光照射物体时，在地面或墙面上会留下物体的影子。经过科学抽象，定义出了用二维平面图形表达三维空间物体的方法——投影法。

所谓投影法，就是投射线（光线）通过物体向选定的平面投射，并在该面上得到图形（影子）的方法。根据投影法所得到的图形称为投影图，简称投影，得到投影的平面称为投影面。

2. 投影法分类

投影法分为中心投影法和平行投影法。

（1）中心投影法　投射线汇交于一点的投影法，称为中心投影法。如图 1-2-2 所示。此法所得到的投影作图复杂，在工程图样中较少采用。但立体感强，常用于绘制建筑效果图（透视图）。

（2）平行投影法　投射线互相平行的投影法，称为平行投影法。平行投影法中，根据投射线是否垂直于投影面，又分为斜投影法和正投影法。

① 斜投影法　指投射线与投影面倾斜的平行投影法。按斜投影法得到的图形，称为斜投影，如图 1-2-3（a）所示。

② 正投影法　指投射线与投影面垂直的平行投影法。按正投影法得到的图形，称为正投影，如图 1-2-3（b）所示。

正投影能真实地反映物体的形状和大小，度量性好，作图简便，是绘制工程图样的主要方法。

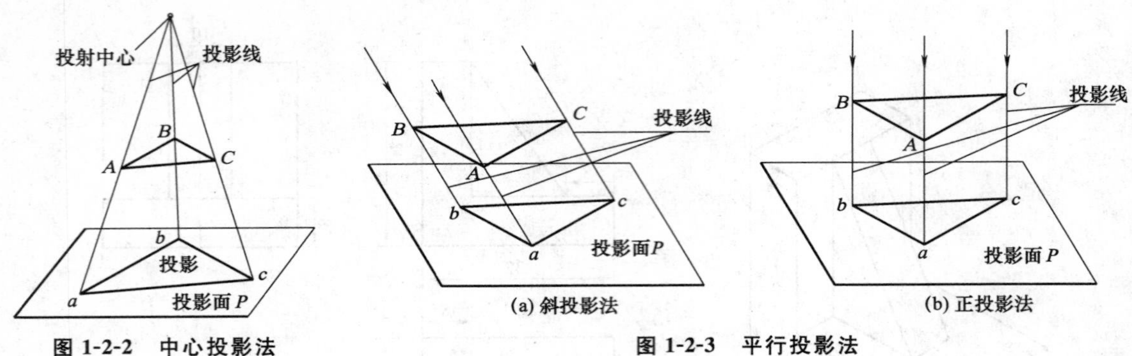

图 1-2-2 中心投影法

图 1-2-3 平行投影法

3. 正投影的基本性质

利用正投影法投射点、直线、平面得到的投影分别是：点的投影实质上就是自该点向投影面所作垂线的垂足，如图 1-2-4 所示，显然，点的投影仍然是点；直线段（简称直线）的投影是直线上所有点的投影的集合，两点决定一条直线，所以直线上两端点投影的连线就是该直线的投影，直线的投影一般情况下仍然为直线，特殊情况下变为一点，如图 1-2-5 所示；平面图形的投影一般情况下仍为平面图形，特殊情况下变为一直线，如图 1-2-6 所示。

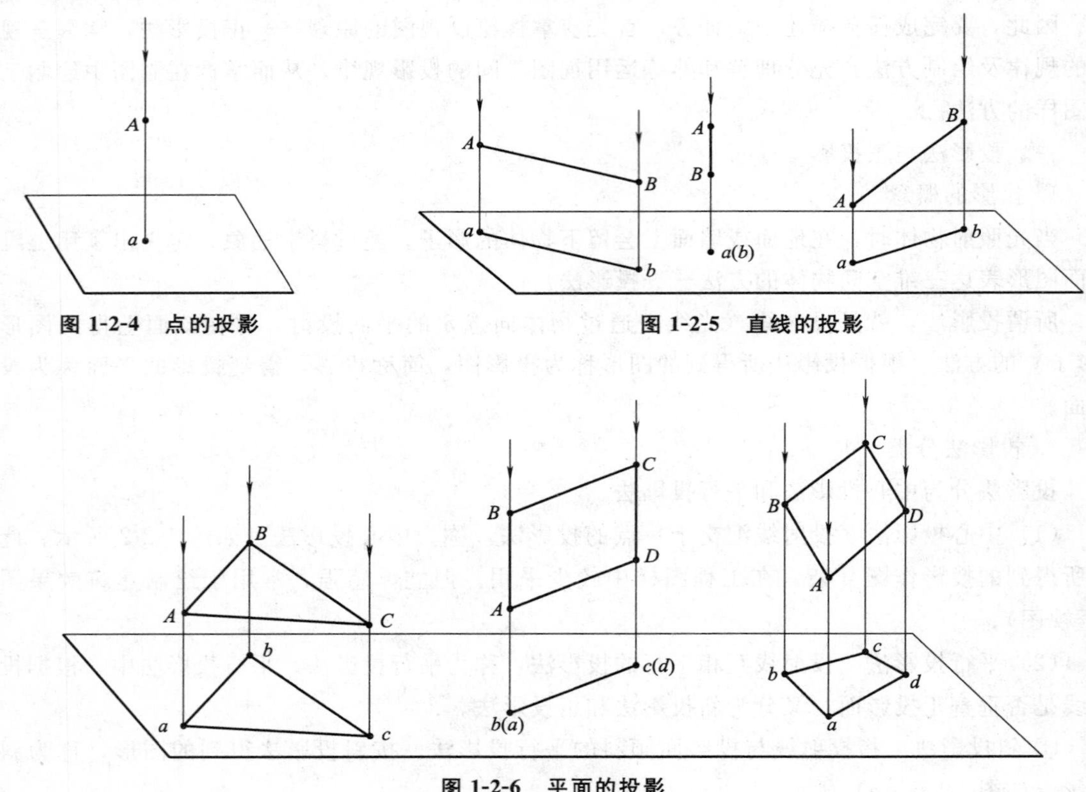

图 1-2-4 点的投影

图 1-2-5 直线的投影

图 1-2-6 平面的投影

由此得出点、直线、平面的正投影具有如下特性。

（1）显实性　当直线平行于投影面时，其投影反映直线的实长；当平面平行于投影面时，其投影反映平面的实形。

（2）积聚性　当直线垂直于投影面时，其投影积聚为一点；当平面垂直于投影面时，其投影积聚为一条直线。

（3）类似性　当直线倾斜于投影面时，其投影为一缩短了的直线；当平面倾斜于投影面时，其投影为一和原平面形状类似且缩小了的图形。

二、三视图的形成及其投影规律

按正投影法绘制出的投影称为视图。通常一个视图不能完全地反映三维物体的形状，见图 1-2-7 所示，故将物体置于三投影面体系中，得到物体的三视图。

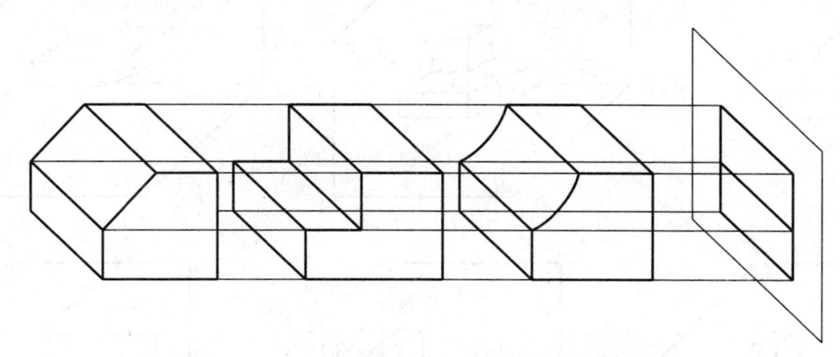

图 1-2-7　一个视图不能确定物体的空间形状

1. 三视图的形成

（1）三投影面体系

三个互相垂直的投影面构成的空间体系，称为三投影面体系。如图 1-2-8 所示。

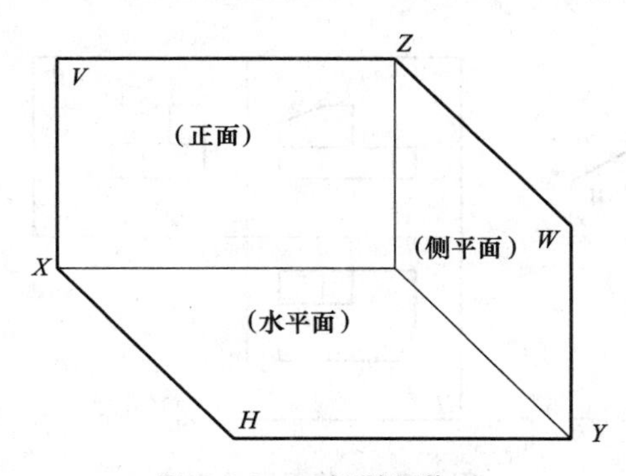

图 1-2-8　三投影面体系

直立在观察者正对面的投影面称为正投影面，简称正面，用 V 表示；处于水平位置的投影面称为水平投影面，简称水平面，用 H 表示；右边分别与正面和水平面垂直的投影面称为侧立投影面，简称侧面，用 W 表示。三个投影面的交线 OX、OY、OZ 称为投影轴，三个投影轴的交点 O 称为原点。OX 轴（简称 X 轴）方向代表长度尺寸和左右位置（正向为左）；OY 轴（简称 Y 轴）方向代表宽度尺寸和前后位置（正向为前）；OZ 轴（简称 Z 轴）方向代表高度尺寸和上下位置（正向为上）。

（2）物体在三投影面体系中的投影

将图 1-2-9（a）所示物体置于三投影体系中，如图 1-2-9（b）所示，按正投影法分别向三个投影面投射。

从前向后投射，在 V 面上得到物体的正面投影，又称主视图，如图 1-2-9（c）所示。

从上向下投射，在 H 面上得到物体的水平投影，又称俯视图，如图 1-2-9（d）所示。

从左向右投射，在 W 面上得到物体的侧面投影，又称左视图，如图 1-2-9（e）所示。

将三面投影体系展开：如图 1-2-9（f）～(h) 所示，在一个平面上得到物体的三视图。

实际绘制物体的三视图时，不必画出投影面和投影轴，如图 1-2-9（i）所示。

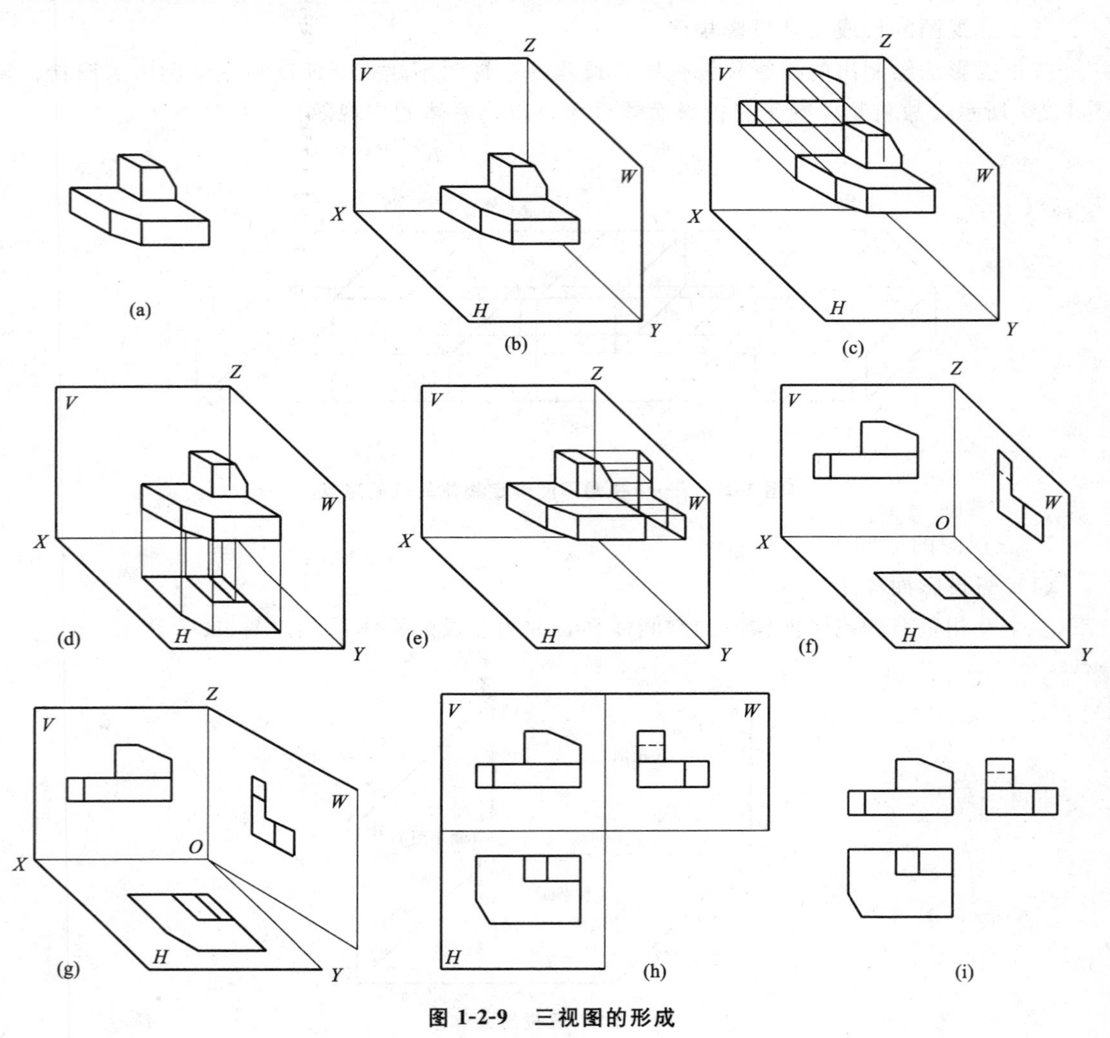

图 1-2-9 三视图的形成

2. 三视图的投影规律

从三视图的形成过程可知，它们之间存在着严格的内在联系，三视图的投影规律分为：

(1) 位置规律 以主视图为准，俯视图在主视图的正下方，左视图在主视图的正右方。如图 1-2-10 所示。

(2) 三等规律 如图 1-2-11 所示，物体的一个视图反映的是两个方向的尺寸：主视图反映长和高，俯视图反映长和宽，左视图反映宽和高。显然，每两个视图中包含一个相同的尺寸。

主视图与俯视图的长度相等且左右对正；主视图和左视图的高度相等且上下平齐；俯视图和左视图的宽度相等。即主、俯视图长对正；主、左视图高平齐；俯、左视图宽相等。

"长对正、高平齐、宽相等"又简称"三等"规律，概括地反映了三视图之间的关系。不仅针对物体的总体尺寸，物体上的每一几何元素的三面投影也符合此规律。绘制三视图时，应从物体上每一点、线、面的“三等”出发，来保证物体三视图的尺寸关系。

（3）方位规律

主视图和俯视图能反映物体各部分之间的左右位置；主视图和左视图能反映物体各部分之间的上下位置；俯视图和左视图能反映物体各部分之间的前后位置。也就是说，每幅视图能反映物体的四个方位，要想反映物体的六个方位，至少需要两幅视图。

画图及读图时，要特别注意俯视图和左视图前后对应关系：俯视图和左视图远离主视图一侧为物体的前面，靠近主视图的一侧为后面，可简单记为“外前里后”。初学时，往往容易把这种对应关系弄错。如图 1-2-12 所示。

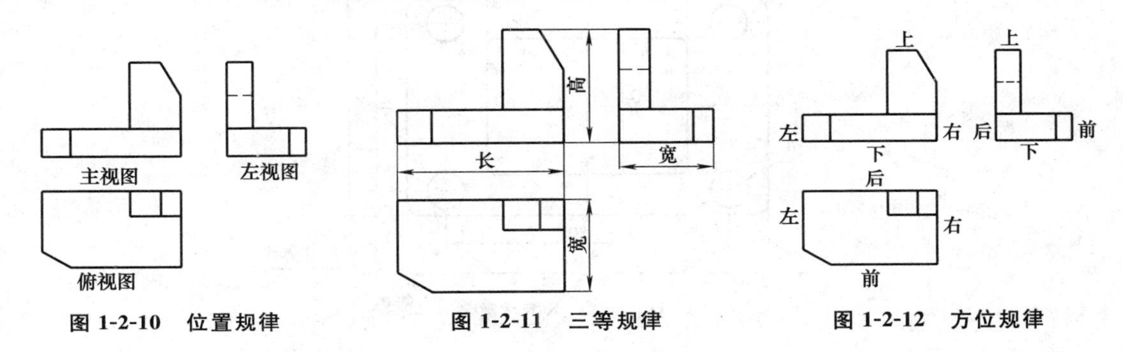

图 1-2-10　位置规律　　图 1-2-11　三等规律　　图 1-2-12　方位规律

三、画三视图的方法和步骤

1. 机械图样中常用的线型

在绘制机械图样时采用粗、细实线两种宽度。图线宽度和图线组别见表 1-2-1，机械图样中常用图线线型及应用见表 1-2-2。

表 1-2-1　机械图样中图线宽度和图线组别（摘自 GB/T 4457.4—2002）

线型组别	0.25	0.35	**0.5**	**0.7**	1	1.4	2
粗线宽度/mm	0.25	0.35	**0.5**	**0.7**	1	1.4	2
细线宽度/mm	0.13	0.13	**0.25**	**0.35**	0.5	0.7	1

注：粗体字为优先采用的图线组别。

表 1-2-2　机械图样中常用图线线型及应用（摘自 GB/T 4457.4—2002）

名称	图　例	线宽	备　注
粗实线		0.5mm	可见轮廓线
细实线		0.25mm	尺寸线及尺寸界线，引出线等
波浪线		0.25mm	断裂外边界线
细虚线		0.25mm	不可见轮廓线
细点画线		0.25mm	轴线、对称中心线等
细双点画线		0.25mm	假想投影轮廓线、中断线等

2. 机械图样中标注尺寸的基本要求

（1）尺寸标注的基本规定

① 机件的大小应以图样上所标注的尺寸数值为依据，与图形的大小及绘图的准确度无关。

② 图样中（包括技术要求和其他说明）的尺寸，以毫米（mm）为单位时，不需标注计量单位的代号或名称。如果要采用其他单位时，则必须注明相应的计量单位的代号或名称。

③ 图样中所标注的尺寸，为该图样所示机件的最后完工尺寸，否则应另加说明。

④ 机件的每一尺寸，一般只标注一次，并应标注在反映该结构最清晰的图形上。

（2）尺寸的组成　每个完整的尺寸，一般由尺寸界线、尺寸线、尺寸线终端和尺寸数字组成，如图 1-2-13 所示。

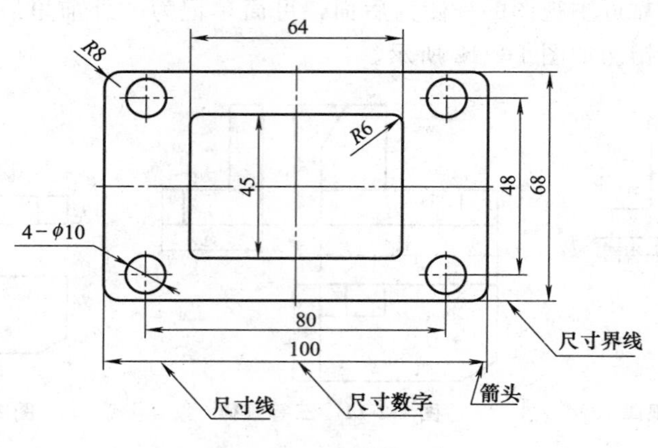

图 1-2-13　尺寸的组成

① 尺寸界线　用细实线绘制，一般由图形的轮廓线、轴线或对称中心线处引出，且超出尺寸线箭头约 2～5mm。也可以直接用轮廓线、轴线或对称中心线作尺寸界线。尺寸界线一般与尺寸线垂直，必要时允许倾斜。

② 尺寸线　用细实线绘制，必须单独画出，不能用其他图线代替，一般也不能与其他图线重合或画在其延长线上。并应尽量避免尺寸线之间及尺寸线与尺寸界线之间相交。尺寸线应与所标注的线段平行，平行标注的各尺寸线的间距要均匀，间隔应大于 5mm，同一张图纸的尺寸线间距应相等。标注角度时，尺寸线应画成圆弧，其圆心是该角的顶点。

③ 尺寸线终端　有箭头或细斜线两种形式。箭头适用于各种类型的图样，细斜线一般适用于建筑图样。同一图中只能采用一种终端形式。图 1-2-14 所示为尺寸线终端的画法。

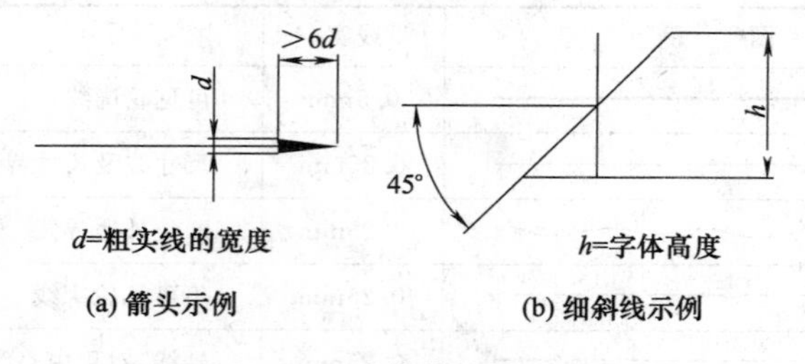

图 1-2-14　尺寸线终端的两种形式

④ 尺寸数字　线性尺寸的数字一般注写在尺寸线上方或尺寸线中断处。尺寸数字不能被任何图线通过，否则应将该图线断开，如图 1-2-15（c）所示。尺寸数字应按图 1-2-15（a）所示方向注写，并应尽可能避免在图示 30°范围内注尺寸，当无法避免时，可按图 1-2-15（b）所示方法注出。对于非水平方向的尺寸，其数字也允许一律水平地标注在尺寸线的中断处，如图 2-1-15（c）所示。

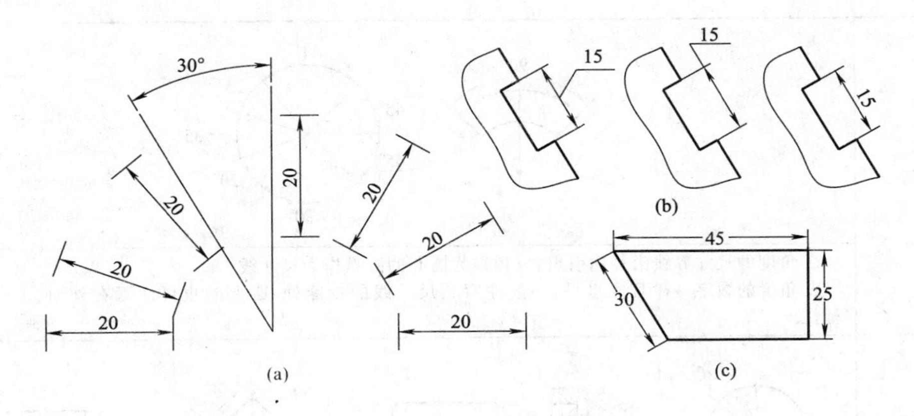

图 1-2-15　尺寸数字的方向

（3）常见尺寸的标注方法　见表 1-2-3。

表 1-2-3　几种常见尺寸的注法

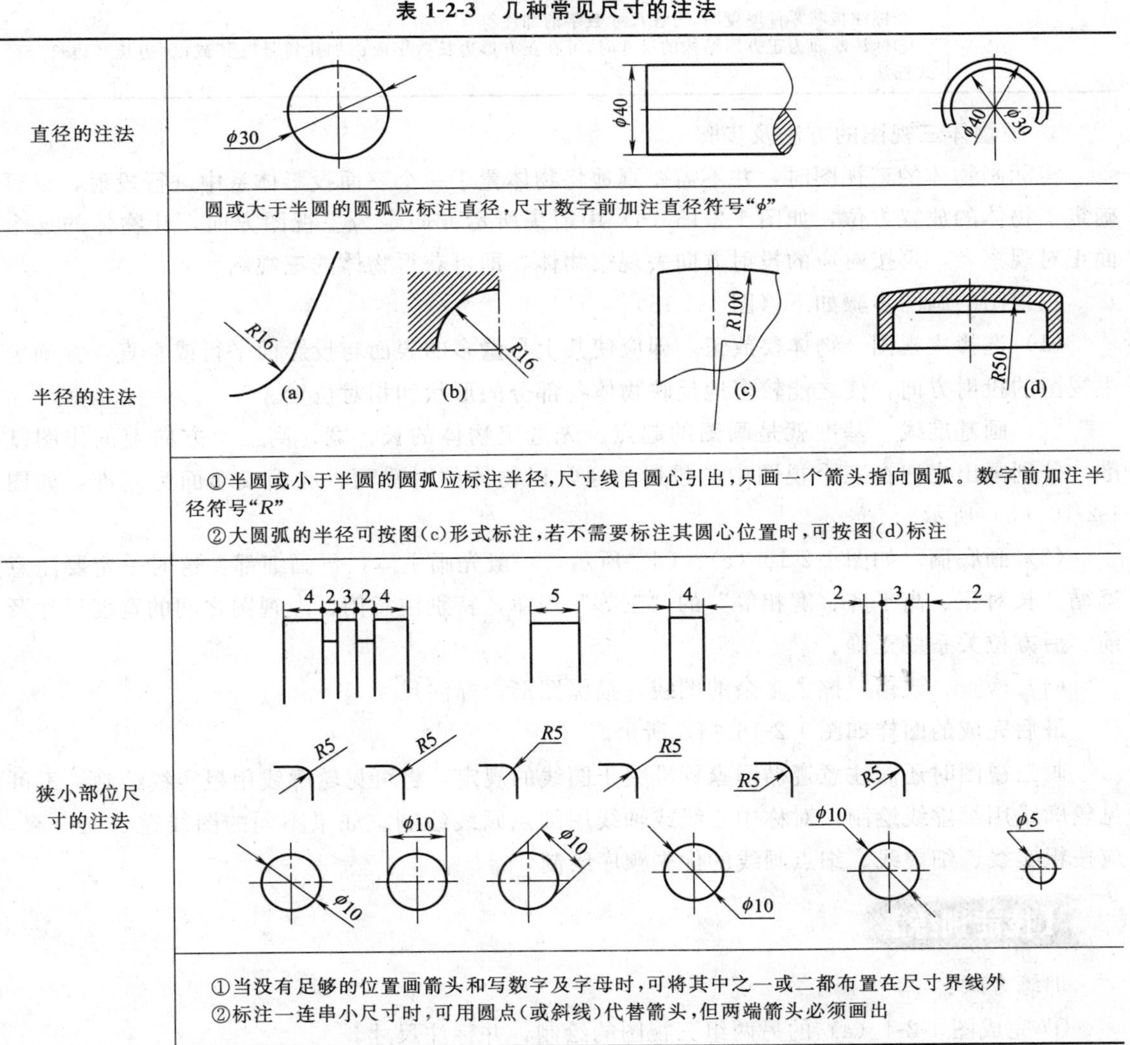

直径的注法	圆或大于半圆的圆弧应标注直径，尺寸数字前加注直径符号“φ”
半径的注法	①半圆或小于半圆的圆弧应标注半径，尺寸线自圆心引出，只画一个箭头指向圆弧。数字前加注半径符号“R” ②大圆弧的半径可按图(c)形式标注，若不需要标注其圆心位置时，可按图(d)标注
狭小部位尺寸的注法	①当没有足够的位置画箭头和写数字及字母时，可将其中之一或二都布置在尺寸界线外 ②标注一连串小尺寸时，可用圆点(或斜线)代替箭头，但两端箭头必须画出

续表

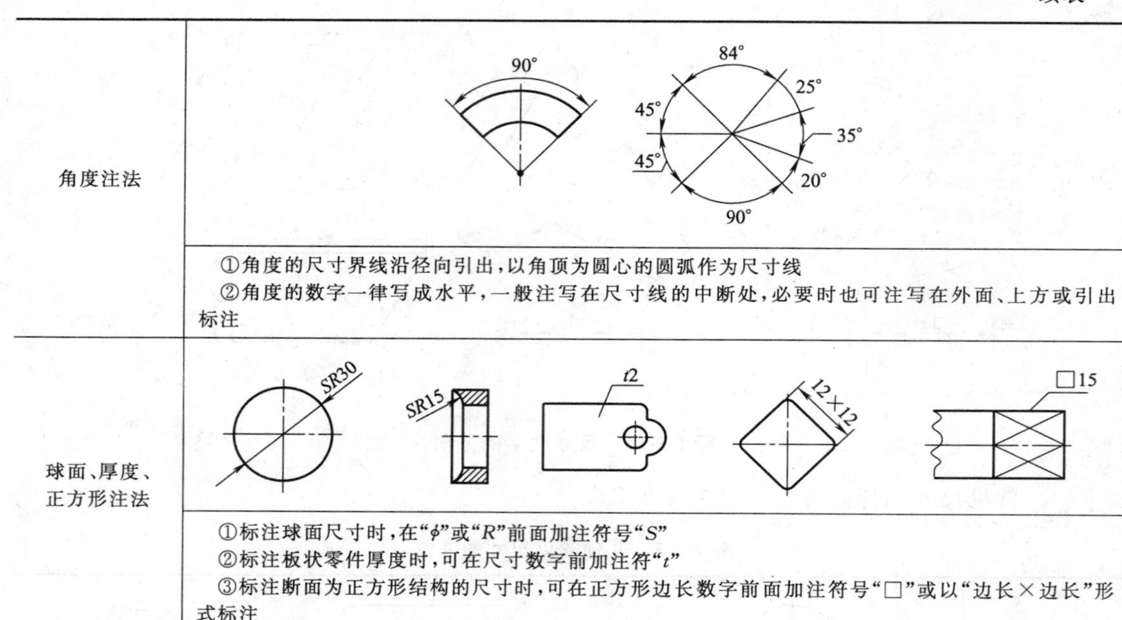

角度注法	①角度的尺寸界线沿径向引出，以角顶为圆心的圆弧作为尺寸线 ②角度的数字一律写成水平，一般注写在尺寸线的中断处，必要时也可注写在外面、上方或引出标注
球面、厚度、正方形注法	①标注球面尺寸时，在“ϕ”或“R”前面加注符号“S” ②标注板状零件厚度时，可在尺寸数字前加注符“t” ③标注断面为正方形结构的尺寸时，可在正方形边长数字前面加注符号“□”或以“边长×边长”形式标注

3. 画物体三视图的方法及步骤

实际画物体的三视图时，并不需要真地将物体置于一个三面投影体系中进行投射，只要确定了物体的放置方位，如图 1-2-16（a）中箭头所示方向定为主视图方向，让物体的这个面正对观察者，再按对应的投射方向去观察物体，即可获得物体的三视图。

三视图的画图步骤如下（图 1-2-16）。

（1）选择主视图　物体要放正，即应使其上尽量多的表面与投影面平行或垂直，并确定主视图的投射方向，使之能较多地反映物体各部分的形状和相对位置。

（2）画基准线　基准就是画图的起点。先选定物体的长、宽、高三个方向上的作图基准，分别画出它们在三个视图中的投影。通常以物体的对称面、底面或端面为基准，如图 1-2-16（b）所示。

（3）画底稿　如图 1-2-16（c）、（d）所示，一般先画主体，再画细部。这时一定要注意遵循“长对正、高平齐、宽相等”的“三等”规律，特别注意俯、左视图之间的宽度尺寸及前、后方位关系要正确。

（4）检查、改错，擦去多余的图线，描深图形，标注尺寸。

最后完成的图样如图 1-2-16（f）所示。

画三视图时还需注意遵循国家标准关于图线的规定，将可见轮廓线用粗实线绘制，不可见轮廓线用细虚线绘制，对称中心线或轴线用细点画线绘制。如果不同的图线重合在一起，应按粗实线、细虚线、细点画线的优先顺序绘制。

训练方式：

① 完成图 1-2-1（a）的另两组三视图的绘制，并标注尺寸。

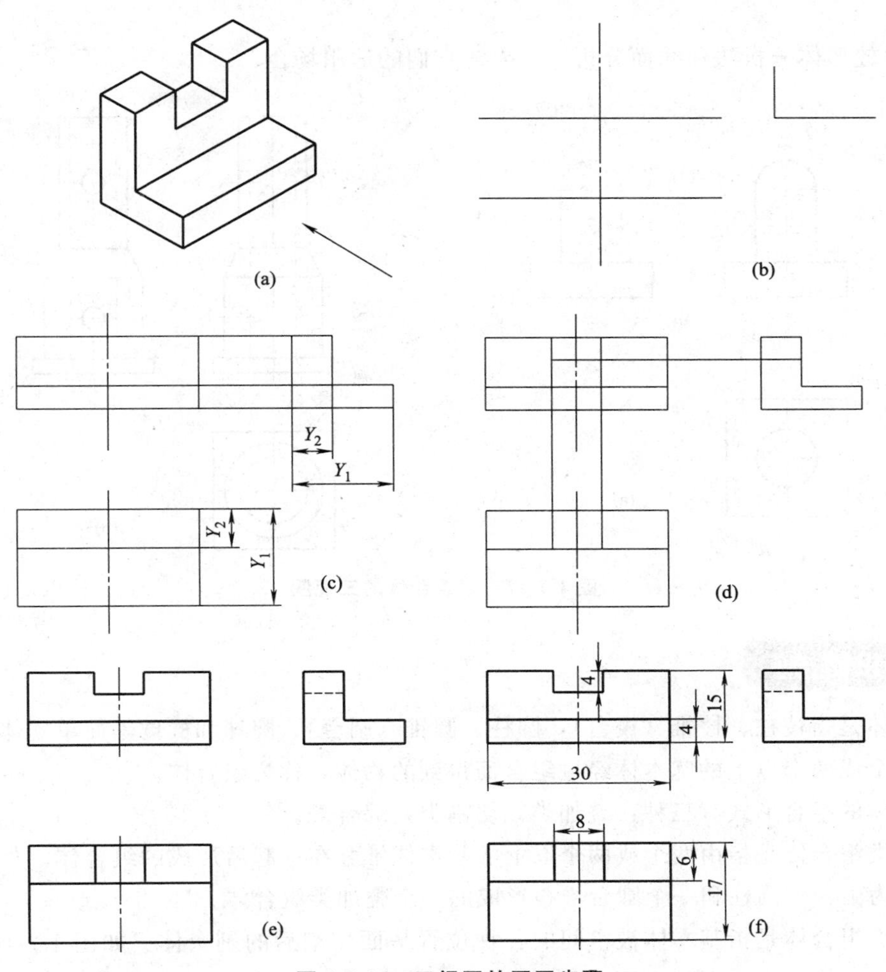

图 1-2-16　三视图的画图步骤

② 通过网络学习平台的习题库、试题库查找习题，选择至少十个简单形体，绘制出它们的三视图，并标注尺寸。

任务二　识读简单组合体的三视图

【任务目标】

① 掌握识读组合体视图的基本方法。

② 了解组合体表面连接关系。

③ 能识读组合体的三视图。

【任务描述】

① 用形体分析法和线面分析法分析图 1-2-17（a）所示的三视图，想象出表达物体的立体形状。

② 用形体分析法和线面分析法分析图 1-2-17（b）所示的三视图，想象出表达物体的立

体形状。

③ 比较形体分析法和线面分析法，弄清它们的适用场合。

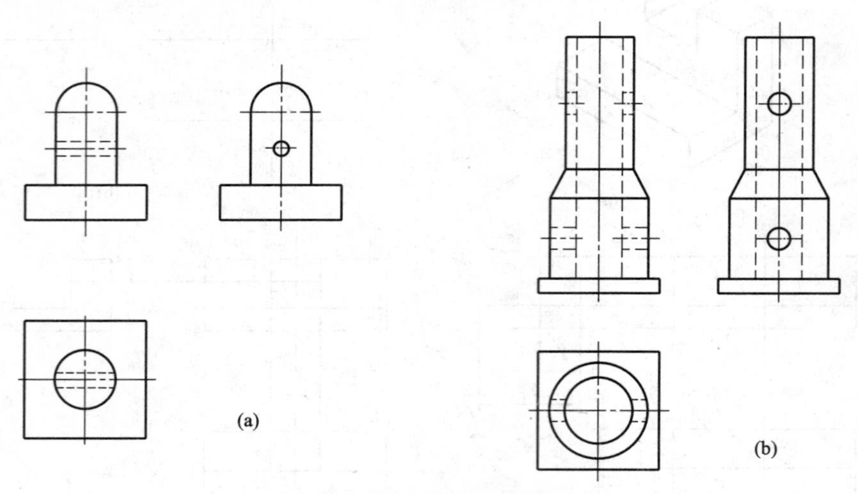

图 1-2-17 读组合体的三视图

【知识链接】

基本体是指棱柱、棱锥（棱台），圆柱、圆锥（圆台）、圆球和椭球等简单立体。

由两个或两个以上的基本体经过组合而得到的物体，称为组合体。

组合体的组合形式有三种：叠加类，切割类，综合类。

叠加类组合体是指由两个或两个以上的基本体堆叠在一起后形成的组合体。如图 1-2-18（a）所示为由一个圆柱和一个圆台堆叠形成的一个叠加类组合体。

切割类组合体是指基本体被空间的各种位置平面切割后的剩余体。如图 1-2-18（b）所示为一个长方体被四个空间平面（两个平行于 H 面，两个平行于 W 面）在其中间（左右对称、上下对称）从前到后切去一个小长方体之后得到的剩余体。

综合类组合体是指组合体的形成过程中既有叠加又有切割。如图 1-2-18（c）所示为一个长方体和一个圆柱体的叠加，然后将长方体的四个角都切成 1/4 柱面形状，长方体上还被切去四个小圆柱，并在长方体和圆柱体组合后的形体中间从上到下也切去一个小圆柱体，这样处理之后就形成了这个综合类的组合体。这些被切去的部分都是由一个和水平投影面（H 面）垂直的柱面完成的。

读组合体的三视图，就是根据已知三视图，想象出物体的真实形状的思维过程。初

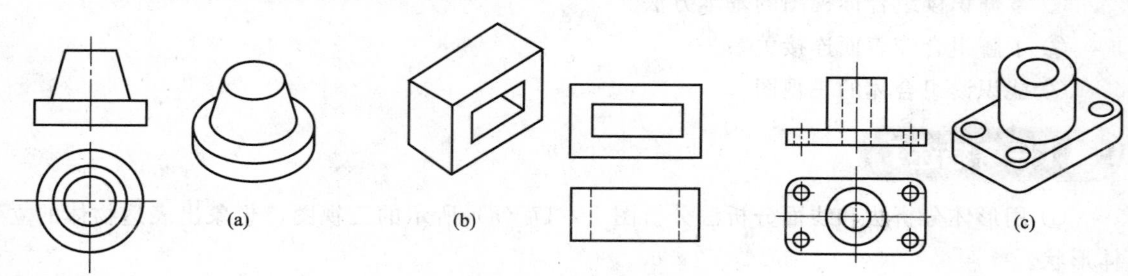

图 1-2-18 组合体的种类

学者在识读组合体三视图时往往无从下手，因此为了更好地读图，必须掌握读图的方法和规律。

要轻松完成读组合体三视图的任务，必须从读图的基本要领出发，按一定的方法和步骤有规律地进行读图。需要指出，要正确地读懂三视图不是一朝一夕就能成功的，需要经过一段较长时间的刻苦训练才能办到。只有多看图，多做练习，多想象物体的立体形状，才能逐步提高自己的空间想象力和读图水平。

一、读物体三视图的基本要领

1. 要把几个视图联系起来分析

读图是不能只看一个视图的，如图 1-2-19 所示，仅看主视图和左视图是不能确定出物体唯一形状的，只有配合俯视图，才能将物体的真实形状想象出来，因此，读图时要几个视图联系起来看。

2. 要善于找出特征视图

特征视图是最能反映物体形状特征的视图，读图时应从其入手。如图 1-2-19 所示物体，俯视图反映了Ⅰ、Ⅱ物体的形状特征，故俯视图为特征视图。

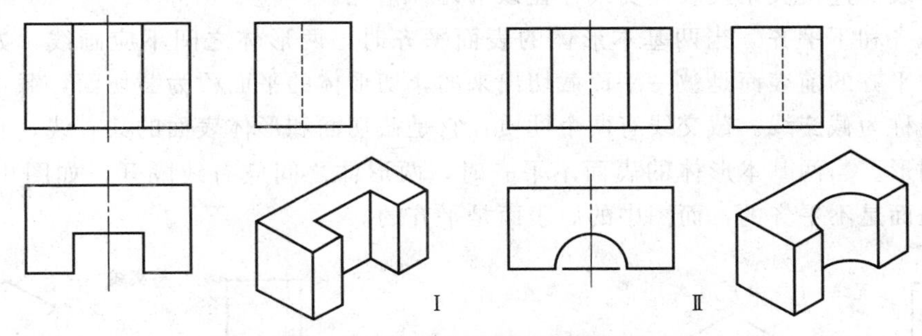

图 1-2-19　几个视图联系起来看

3. 了解线框和图线的含义

（1）视图上的线框　如图 1-2-20、图 1-2-21 所示。

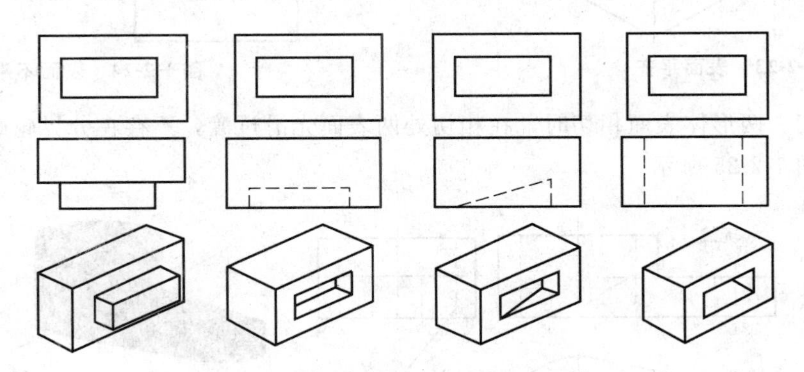

图 1-2-20　视图中封闭线框的含义

① 视图中一个封闭线框一般情况下表示一个面的投影。

② 线框套线框，通常是物体上两个凹凸不平的面或者是在物体上打通的孔的投影。

③ 两个线框相邻，表示两个面高低不平或相交。

（2）视图上的图线　如图 1-2-22 所示，可能是：

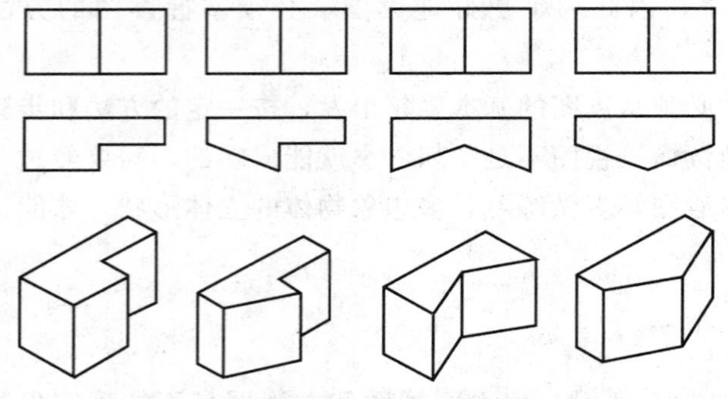
图 1-2-21 视图中两个相邻的线框的含义

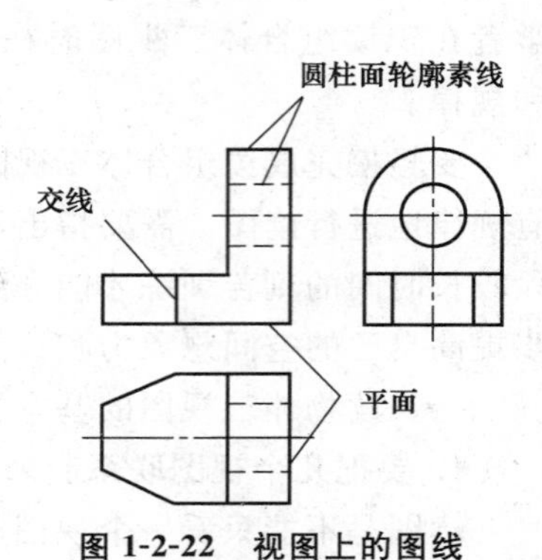

图 1-2-22 视图上的图线

① 面的投影；

② 面与面的交线的投影；

③ 回转面轮廓素线的投影。

二、组合体的表面连接关系

组合体表面连接关系及表面交线存在以下几种情况。

（1）平齐和不平齐　当两基本形体的表面平齐时，两形体之间不应画线，如图 1-2-23 所示。图中平齐的前表面是被一平面截切出来的，切形体的平面称为截切面，截切面与形体表面的交线称为截交线。截交线有两个性质：它是截切面和形体表面的共有线，它一定是闭合的平面图形。当两基本形体的表面不平齐时，两形体之间应有线隔开，如图 1-2-24 所示形体的前表面是不平齐的，而图中的后表面是平齐的。

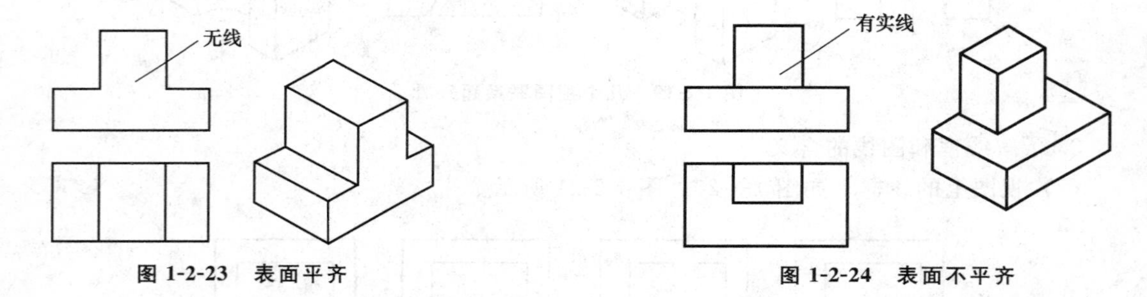

图 1-2-23 表面平齐　　图 1-2-24 表面不平齐

（2）相切　两形体表面相切时，在相切处两表面光滑过渡，不存在分界轮廓线，即相切处无线，如图 1-2-25 所示。

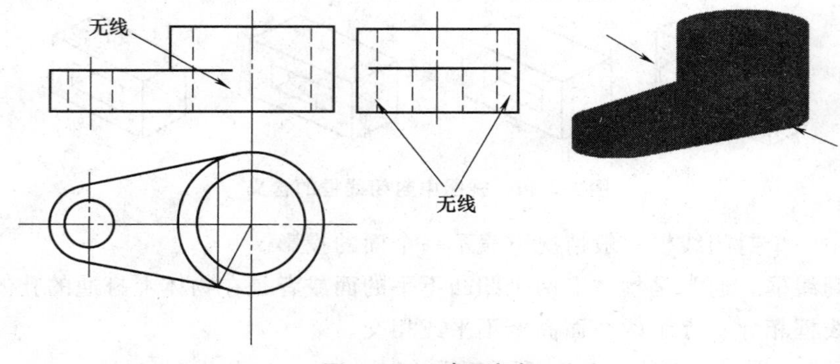

图 1-2-25 表面相切

(3) 相交　两形体表面相交时，相交处必产生交线，如图 1-2-26 所示。当两回转体相交时，在形体表面留下的交线称为相贯线。相贯线通常采用简化画法绘制。如图 1-2-26 (b) 中主视图所示相贯线用圆弧代替。

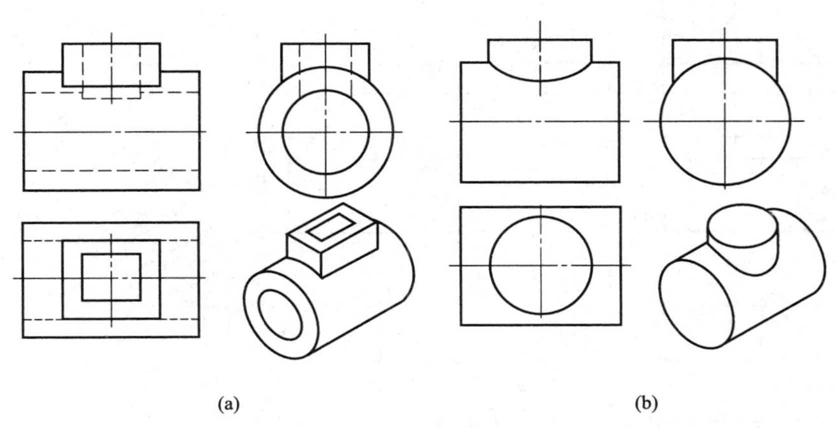

图 1-2-26　表面相交

三、组合体的读图方法

组合体的识读方法有形体分析法和线面分析法两种。

1. 形体分析法

形体分析法常用于叠加类和综合类组合体。

用“分线框、对投影”的方法分析出组合体由几部分组成，从特征视图入手，想象出各部分的形状、相对位置关系及组合方式，最后综合起来想象出整体形状。

下面以图 1-2-27 (a) 为例讲解形体分析法的应用。

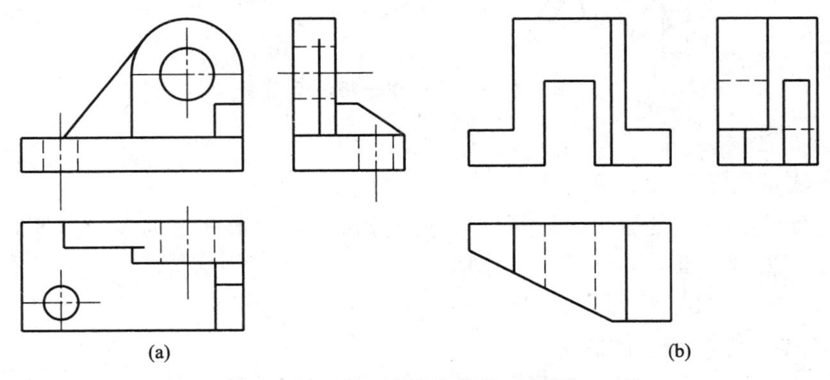

图 1-2-27　读组合体的三视图

① 粗看视图，分离形体。

一般有这样的规律：在特征视图上，有几个封闭的粗实线框，基本可以确定该组合体是由几个基本体构成。所以本图从主视图入手，将主视图分成Ⅰ、Ⅱ、Ⅲ、Ⅳ部分，如图 1-2-28 (a) 所示。

② 对投影，想形状。

对分解的每一部分，逐一根据“三等”关系，分别找出它们在各个视图上的投影，并想象出它们的形状，如图 1-2-28 (b)～(e) 所示。

③ 根据三视图分析各部分的相对位置和组合形式，综合起来想出整体的形状。如图 1-2-28 (f)。

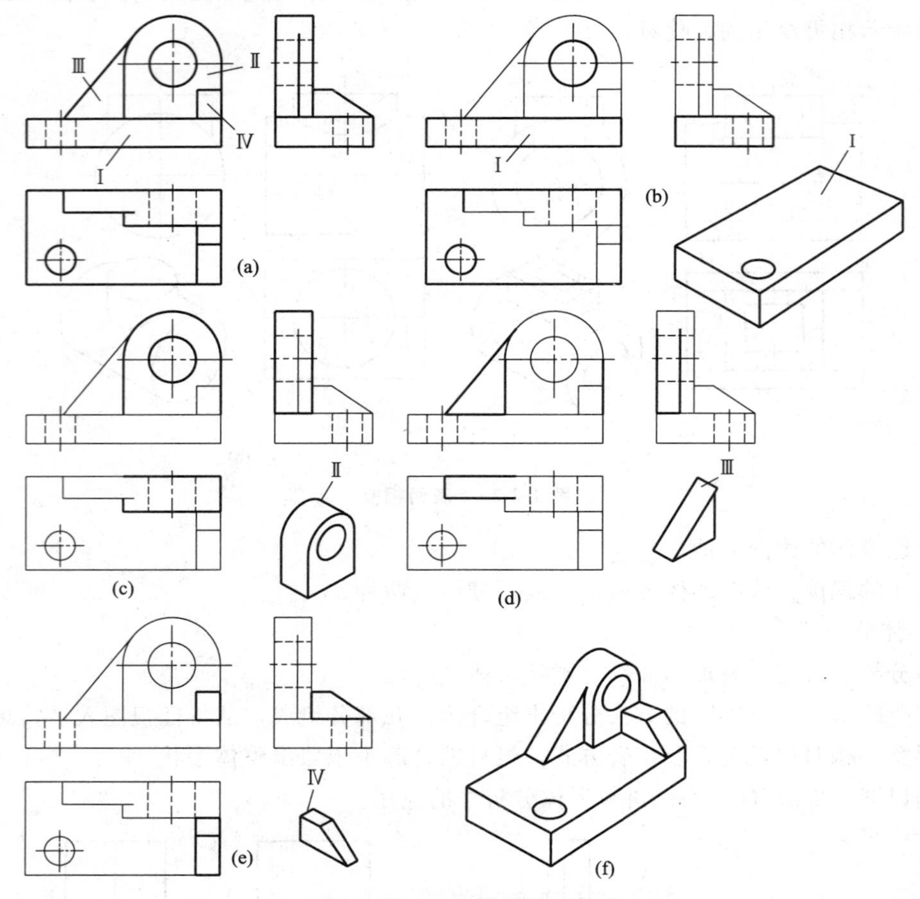

图 1-2-28　用形体分析法读图

2. 线面分析法

线面分析法常用于切割类组合体

运用线面分析法，就是运用投影规律，通过分析被切割形体上的线、面等几何元素的形状和空间位置，想出切割后的形体的整体形状。

下面以图 1-2-27 (b) 为例讲解线面分析法的应用。

① 粗看形体，分析基本体。

如图 1-2-29 (a) 所示，通过粗看形体，可看出它是在长方体的基础上经多次切割得到的。

② 分析基本体被切割的次数及每次是被什么平面在什么位置切割的。

从俯视图看出长方体第一次被一个与 H 面垂面的平面在其左前切去一块，见图 1-2-29 (b)；从主视图看出长方体第二次被一个与 H 面平行的平面和一个与 W 面平行的平面在其左上方及右上方、从前到后各切去一块，见图 1-2-29 (c)；从主视图看说明长方体第三次被一与 H 平行的平面和两个与 W 平行的平面在其左右对称中心处、下方、从前到后被切去一通槽。

③ 根据三视图分析各部分的相对位置和组合形式，综合起来想出整体的形状。见图 1-2-29 (d)。

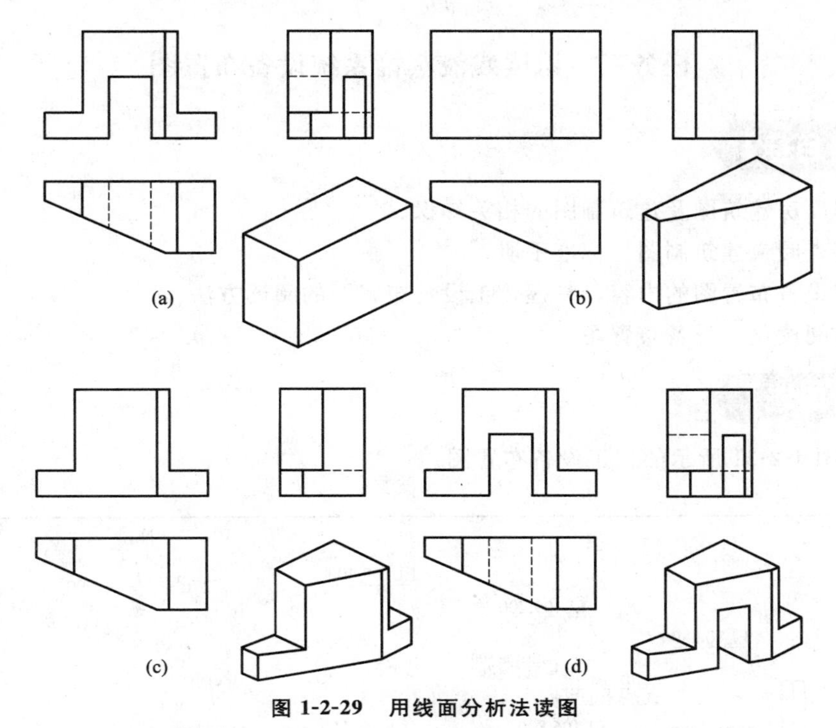

图 1-2-29　用线面分析法读图

值得注意的是，无论是绘制组合体的三视图还是识读组合体的三视图，形体分析法和线面分析法经常一起使用，两种方法并非因组合体的类型而截然分开。

【技能训练】

训练方式：

① 完成图 1-2-17 的识读。

② 通过网络学习平台的习题库、试题库查找资料，选择简单组合体的三视图（至少 6 个），利用形体分析法和线面分析法完成它们的阅读。

【任务二指导】

通过运用形体分析法和线面分析法，可以想象出图 1-2-17 中两组三视图对应的组合体的立体形状如图 1-2-30 所示。

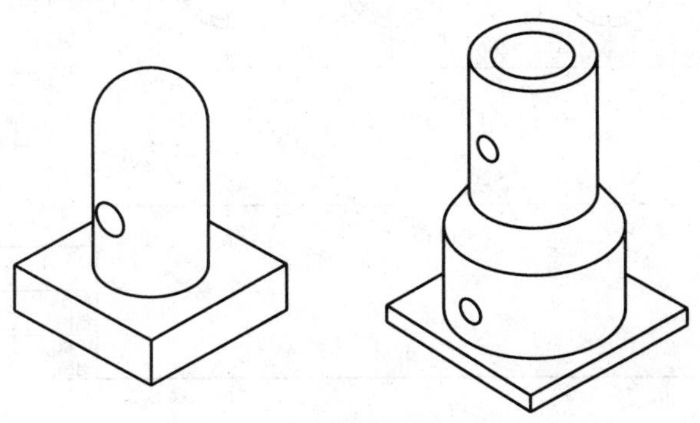

图 1-2-30　组合体的立体图

任务三　识读残液蒸馏系统设备布置图

【任务目标】

① 了解厂房建筑图及建筑制图的相关知识。
② 能够查阅《建筑制图》标准手册。
③ 了解设备布置图的内容，掌握化工设备布置图的阅读方法。
④ 能够阅读化工设备布置图。

【任务描述】

识读如图 1-2-31 所示的化工设备布置图。

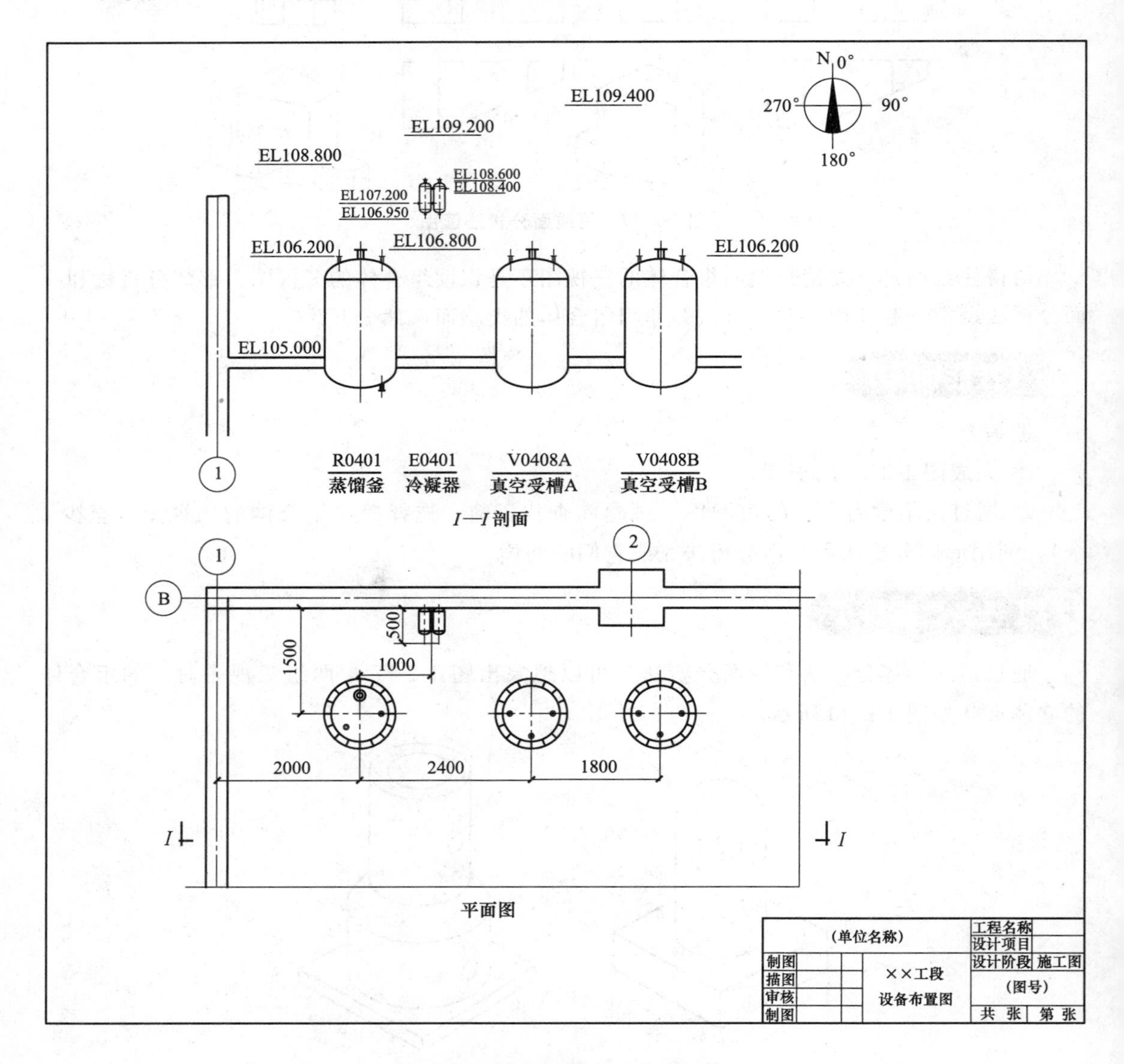

图 1-2-31　残液蒸馏系统设备布置图

【知识链接】

在化工厂建设施工阶段，工艺设备的安装是依据设备布置图等技术文件进行的。化工设备布置图必须表明化工设备在厂房内外的布置情况及安装位置。如图 1-2-31 所示图样，为了完成它的阅读，必须要学习下面知识。

一、建筑图样的基本知识

房屋建筑结构图如图 1-2-32 所示。

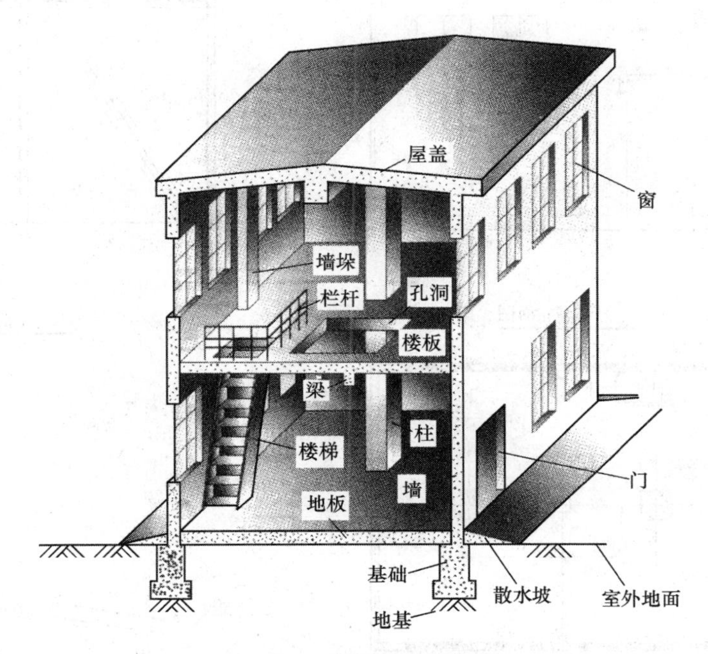

图 1-2-32　房屋建筑结构图

1. 视图

建筑图样的一组视图，主要包括平面图、立面图和剖面图。

① 平面图是假想用水平面沿略高于窗台的位置剖切建筑物而绘制的剖视图（俯视图），用于反映建筑物的平面格局、房间大小和墙、柱、门、窗等，是建筑图样一组视图中主要的视图。

对于楼房，通常需分别绘制出每一层的平面图，如图 1-2-33 中分别画出了一层平面图和二层平面图。平面图不需标注剖切位置。

② 建筑制图中将建筑物的正面、背面和侧面投影图称为立面图，用于表达建筑物的外形和墙面装饰，如图 1-2-33 ①—③立面图表达了该建筑物的正面外形及门窗布局。

③ 剖面图是用与 V 面平行的正平面或与 W 面平行的侧平面剖切建筑物而画出的剖视图，用以表达建筑物内部在高度方向上的结构、形状和尺寸，如图 1-2-33 的 1—1 剖视图和 2—2 剖视图。

剖视图需在平面图上标注出剖切符号（粗短画，长度约为 $6d$，$d=0.7\text{mm}$），见图 1-2-33 中二层平面图里的“1——1”所示的“—”即为剖切符号。

建筑图中，剖面符号（在被剖切平面切到的实体上，比如墙壁、柱子等的断面处画出的

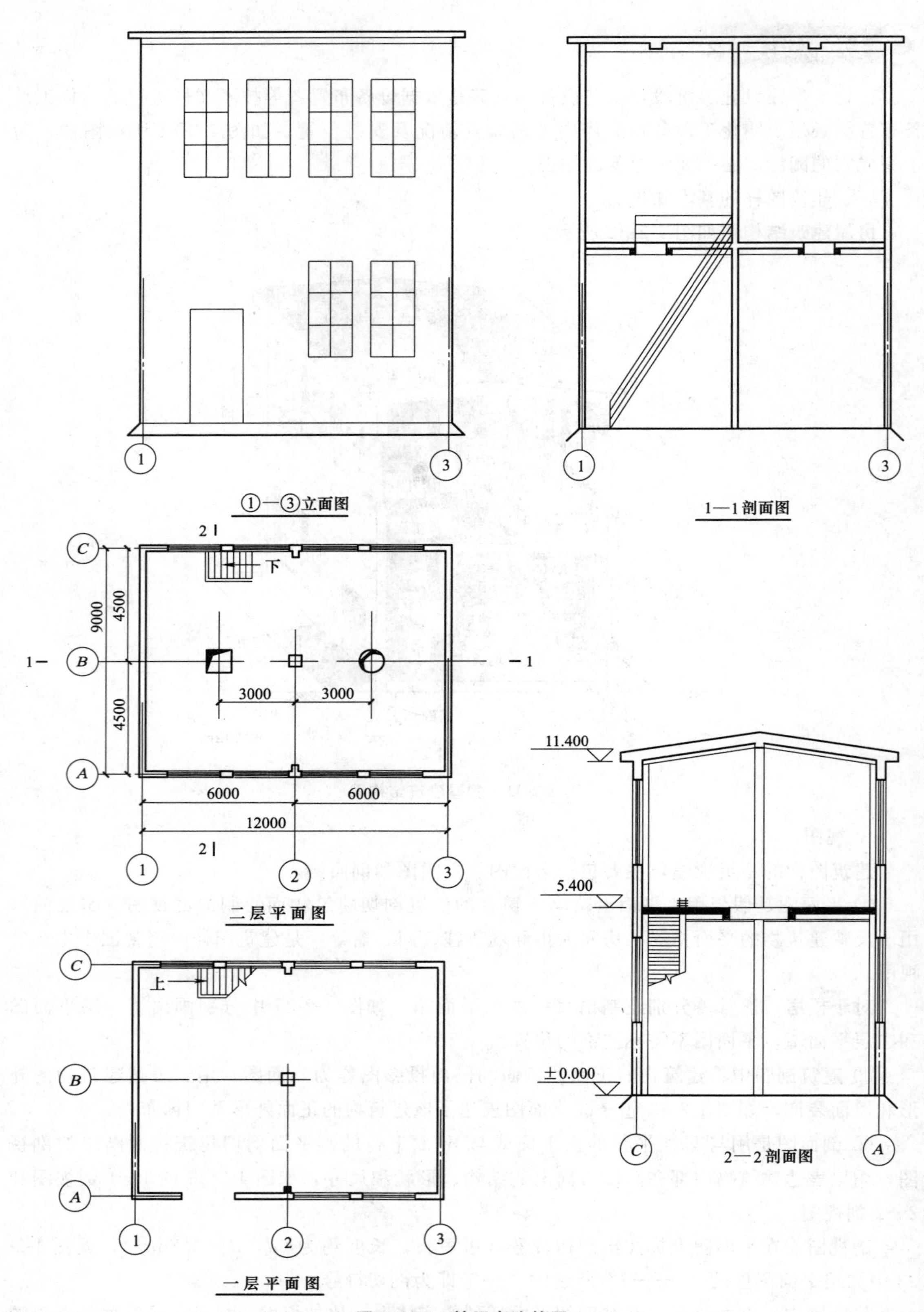

图 1-2-33 某厂房建筑图

符号）常常省略或以涂色代替。

建筑图样的每一视图一般在图形下方标出视图名称。

2. 定位轴线

建筑图中建筑物的墙、柱等的定位轴线用细点画线画出，并加以编号。编号用带圆圈（直径 8mm）的阿拉伯数字（长度方向）或英文大写字母（宽度方向）表示，如图 1-2-33 所示。

3. 尺寸

厂房建筑应标注建筑定位轴线间尺寸和各楼层地面的高度。建筑物的高度尺寸采用标高符号标在剖面图上，如图 1-2-33 中的 2—2 剖面图。一般以底层室内地面为基准标高，标记为±0.000，高于基准时标高为正，低于基准时标高为负，标高数值以 m 为单位，小数点后取三位，单位省略不注。

其他尺寸以 mm 为单位，其尺寸线终端通常采用斜线形式，并往往注成封闭的尺寸链，如图 1-2-33 的二层平面图所示。

4. 建筑构配件图例

由于建筑构件、配件和材料种类较多，且许多内容没必要或不可能以真实尺寸严格按投影作图。为简便起见，国家工程建设标准规定了一系列的图形符号（即图例），来表示建筑构件、配件、卫生设备和建筑材料，建筑制图常见图例可查阅相关建筑制图手册。

二、化工设备布置图的基本知识

设备布置图实际上是在简化了的厂房建筑图的基础上增加了设备布置的内容，如图 1-2-34 所示为空压站岗位的设备布置图。由于设备布置图的表达重点是设备的布置情况，所以用粗实线表示设备，而厂房建筑的所有内容均用细实线表示。

1. 设备布置图的内容

从图 1-2-34 中可以看出，设备布置图包括以下内容。

（1）一组视图　主要包括设备布置平面图和剖面图，表示厂房建筑的基本结构和设备在厂房内外的布置情况。必要时还应该画出设备的管口方位图。

（2）必要的标注　设备布置图中应标注出建筑物的主要尺寸，建筑物与设备之间、设备与设备之间的定位尺寸。同时还要标注厂房建筑定位轴线的编号、设备的名称和位号以及注写必要的说明等。

（3）安装方位标　安装方位标又称设计北向标志，是确定设备安装方位的基准，一般将其画在图样的右上方。它有两种绘制方式。

① 方位标　画直径为 14mm 的粗实线圆，通过圆心绘制长度为 20mm 且互相垂直的两条细直线，用“北”字（或字母 N）标明真实的地理北向，并从北向开始顺时针方向分别标注 0°、90°、180°、270°等，可用一条带箭头的直线，指明建筑物的朝向，如图 1-2-34所示。

② 指北针　圆圈为细实线圆，直径约为 25mm，在圈内绘制指北针，其下端的宽度为直径的 1/8 左右，如图 1-2-35 所示。

（4）标题栏　注写图名、图号、比例及签字等。

2. 设备布置平面图

设备布置平面图用来表示设备在平面的布置情况。当厂房为多层建筑时，应按楼层分别绘制平面图。设备布置平面图通常表达如下内容。

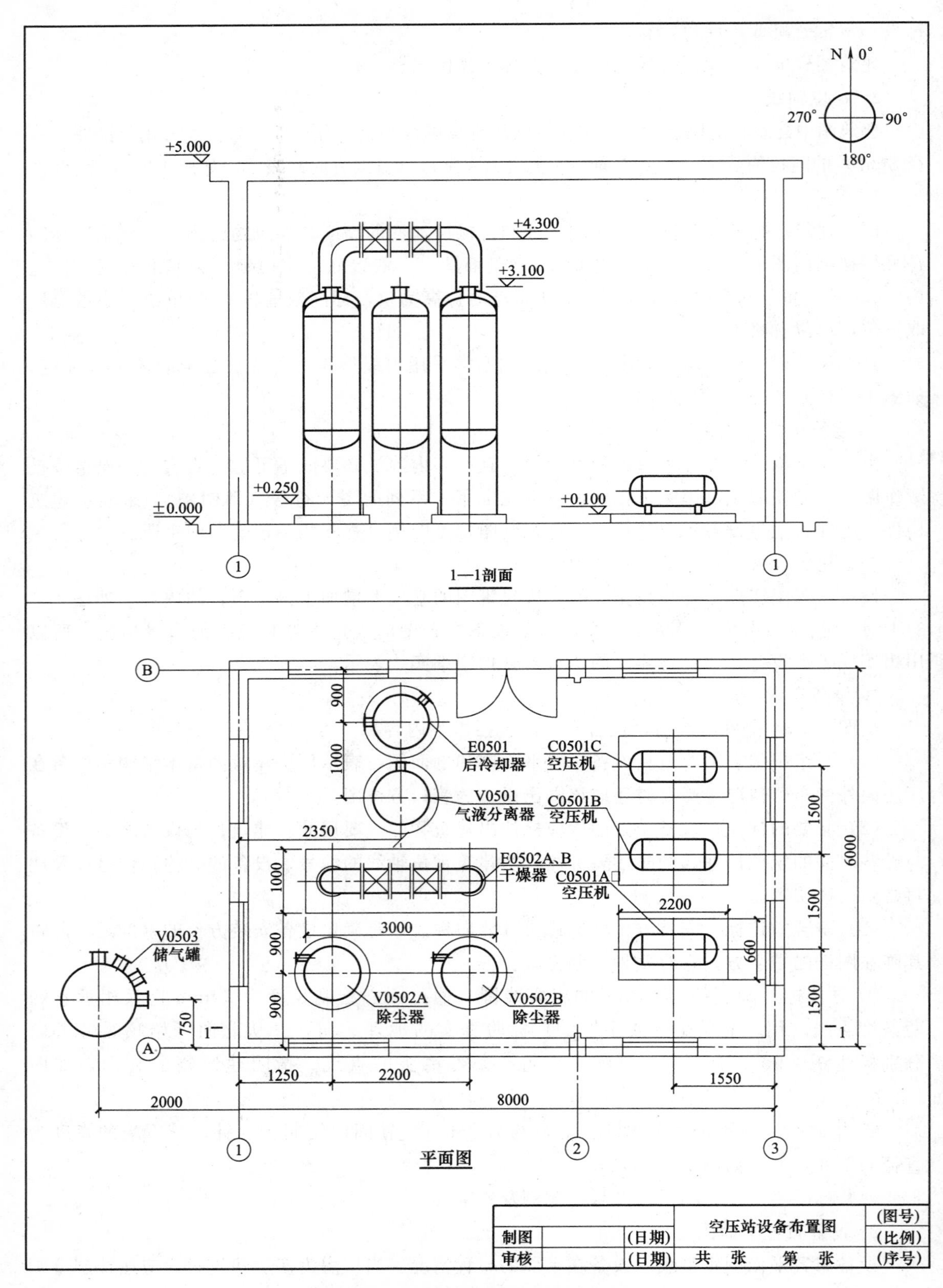

图 1-2-34 空压站岗位的设备布置图

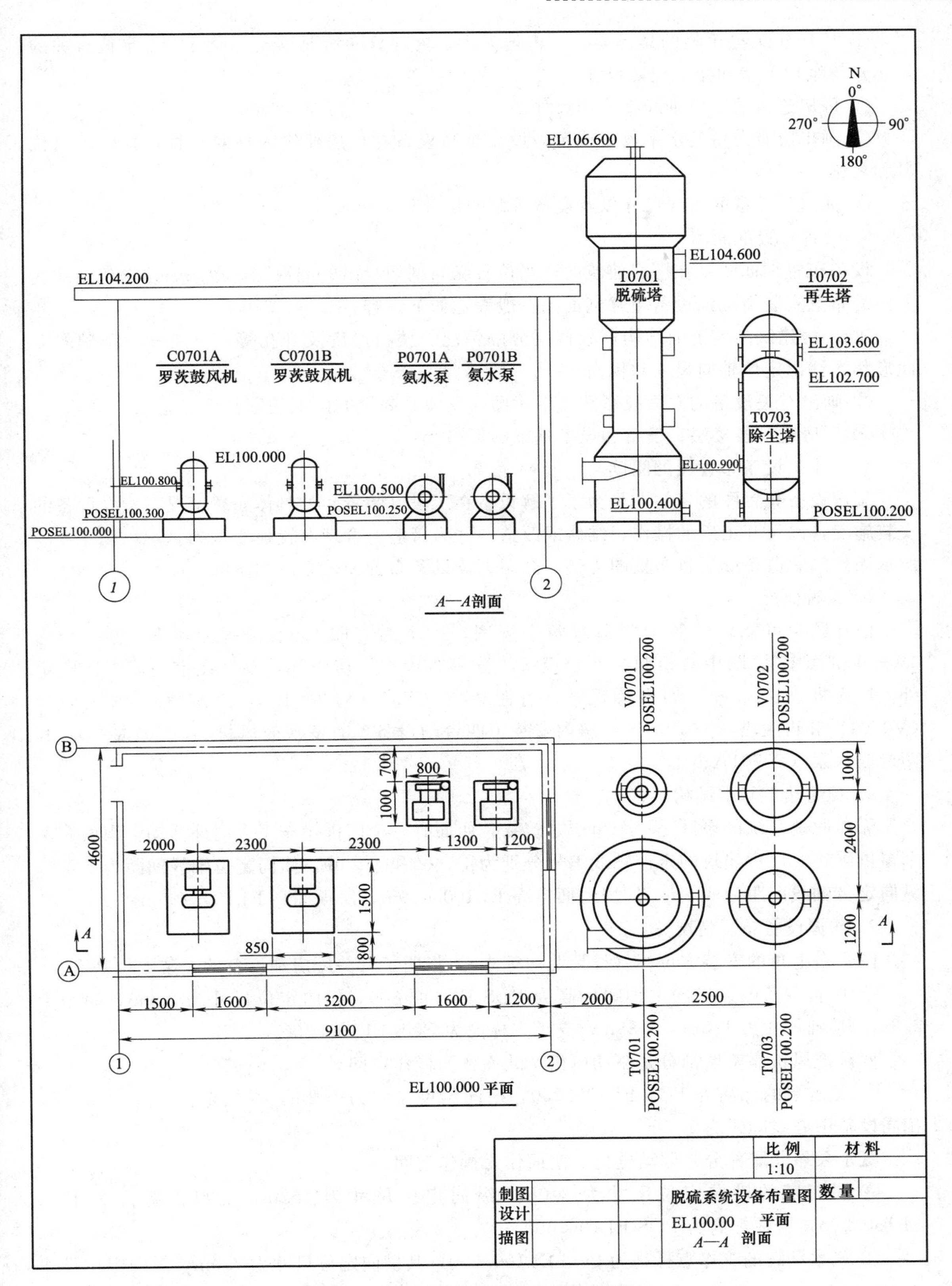

图 1-2-35　天然气脱硫系统设备布置图

① 厂房建筑构筑物的具体方位、占地大小、内部分隔情况以及与设备安装定位有关的厂房建筑结构形状和相对位置尺寸。

② 厂房建筑的定位轴线编号和尺寸。

③ 画出所有设备的水平投影或示意图，反映设备在厂房建筑内外的布置，并标注出位号和名称。

④ 标出各设备的定位尺寸以及设备基础的定形和定位尺寸。

3. 设备布置剖面图

设备布置剖面图是在厂房建筑的适当位置纵向剖切绘出的剖视图，用来表达设备沿高度方向的布置安装情况。设备布置剖面图一般表达如下内容。

① 厂房建筑高度上的结构，如楼层分隔情况、楼板厚度及开孔等，以及设备基础的立面形状，注出定位轴向尺寸和标高。

② 画出有关设备的立面投影图或示意图，反映其高度方向上的安装情况。

③ 厂房建筑各楼层、设备和设备基础的标高。

三、化工设备布置图的阅读

阅读设备布置图的目的，是为了了解设备在工段（装置）的具体布置情况，指导设备的安装施工，以及开工后的操作、维修或改造，并为管道的合理布置建立基础。现以图 1-2-35 所示天然气脱硫系统设备布置图为例，介绍阅读设备布置图的方法和步骤。

1. 了解概况

由标题栏可知，设备布置图有两个视图，一个为“EL100.000 平面图”，另一个为“*A*—*A* 剖面图”。图中共绘制了八台设备。分别布置在厂房内外，泵区在室内，塔区在室外。厂房外露天布置了四台静设备，有脱硫塔（T0701）、除尘塔（T0703）、氨水储罐（V0701）和再生塔（T0702）。厂房内安装了四台动设备，有罗茨鼓风机（C0701A、B）和两台氨水泵（P0701A、B）。

2. 看懂建筑基本结构

天然脱硫系统的泵区是一个单层建筑物，西面有一个门供操作工人内外活动，南面有两个窗供采光。厂房建筑的定位轴线编号分别为①、②和Ⓐ、Ⓑ，横向定位轴线间距为 9.1m，纵向定位轴线间距为 4.6m，厂房地面标高 EL100.000m，房顶标高 EL104.200m。

3. 掌握设备布置情况

图中右上角的安装方位标（设计北向标志），指明了有关厂房和设备的安装方位基准。

① 两台罗茨鼓风机的主轴线标高为 POS EL100.800，横向定位尺寸为 2.0m，间距为 2.3m，基础尺寸为 1.5m×0.85m，支承点标高为 POS EL100.300。

罗茨鼓风机靠南墙部分是驱动电机，北面作为操作空间。

② 氨水泵的标高为 POS EL100.250，横向定位尺寸为 1.2m，纵向定位尺寸为 1.7m，相同设备中心线间距为 1.3m。

氨水泵靠北墙部分是驱动电机，南面作为操作空间。

③ 脱硫塔的横向定位尺寸为 2.0m，纵向定位尺寸为 1.2m，支撑点标高为 POS EL100.200，塔顶标高为 POS EL106.600。

④ 氨水储罐的支撑点标高为 POS EL100.200，其横向定位尺寸为 2.0m，纵向定位尺寸为 1m。

氨水储罐在脱硫塔的正北面，前后相距 2.4m。

⑤ 除尘塔的横向定位尺寸为 4.5m，纵向定位尺寸为 1.2m，支撑点标高为 POS EL100.200。

除尘塔在脱硫塔的正东面，左右相距 2.5m。

⑥ 再生塔的横向定位尺寸为 4.5m，纵向定位尺寸为 3.6m（以 *A* 轴为基准线），支撑点标高为 POS EL100.200。

再生塔在氨水储罐的正东面，左右相距 2.5m，在除尘塔的正北面，前后相距 2.4m。

【技能训练】

训练方式：

① 完成图 1-2-31 的识读。

② 通过网络学习平台的习题库、试题库查找资料，选择某炼化工厂生产车间设备布置图，完成设备布置图的阅读。

【任务三指导】

一、了解概况

残液蒸馏系统设备布置图显示有两个视图，一个是Ⅰ—Ⅰ剖面图，剖面图表达了室内设备在立面上的位置关系；另一个是平面图，平面图表达了各个设备的平面布置情况。共有四台设备，分别是蒸馏釜（R0401）、冷凝器（E0401）、真空受槽（V0408A、B）。

二、了解厂房、设备

厂房的定位横向轴线①、②，纵向定位轴线Ⓑ。

蒸馏釜和真空受槽布置在距轴Ⓑ1.5m、距①轴分别串联为 2m、2.4m、1.8m 的位置上；冷凝器位置距轴Ⓑ0.5m、距蒸馏釜 1m 的位置上。

剖面图的剖切位置很容易在平面布置图上找到（Ⅰ—Ⅰ处），蒸馏釜和真空受槽 A、B 布置在标高为 5m 的楼面上，冷凝器布置在标高为 6.95m 处。

从平面图中可以看出，厂房轴线间距为 4.4～6.2m 之间，厂房总长超过 6.2m，总宽大于 1.5m。

子情境三　管道布置图的识读

学习目标　管道布置设计是在施工图设计阶段进行的，其最终文件就是管道布置图。管道布置图通常以化工工艺设计人员为主完成，是化工工艺、化工设备、仪表控制及自动化、土建等各专业工程技术人员集体劳动成果的综合反映，也是化工装置现场安装施工的重要依据和化工工艺技术人员掌握现场设备和管道配置情况的主要文件。

管道布置图是在设备布置图的基础之上画出管道、阀门及仪表控制点，并表示厂房建筑内外各设备之间管道的连接和位置以及阀门、仪表控制点的安装位置的图样。管道布置图又称为管道安装图或配管图，用于指导管道的安装施工。因此通过本学习情境，应掌握点、直线在三投影面体系中的投影规律；能根据点和直线的投影规律，判断管道的空间走向；了解管道布置图的作用和内容、管道的图示方法和管道布置图的画法；掌握管道布置图的阅读方法；能阅读管道布置图；初步认识管道轴测图。

任务一 点和直线投影的综合应用

【任务目标】

① 掌握点在三投影面体系中的投影规律。

② 熟练掌握直线在三投影面体系中的投影规律。

③ 能根据点和直线的投影规律，绘制和识读管道的三视图或根据管道模型判断管道空间走向。

【任务描述】

图 1-3-1 是由点和直线构成的管道的抽象模型及管道模型在三投影面体系中的投影。

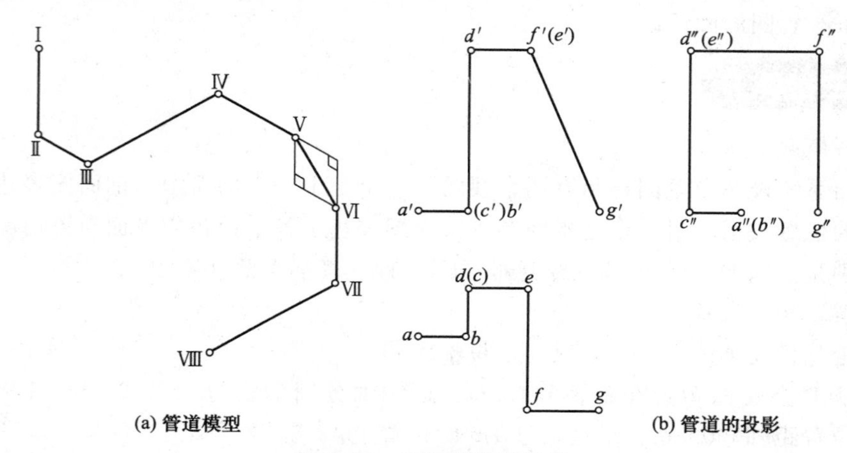

图 1-3-1 管道模型及投影

① 根据图 1-3-1（a）所示管道模型画出管道三面投影图，指出各段管道是什么位置的空间直线。

② 根据图 1-3-1（b）所示管道的三面投影判定管道各段的空间走向，指出各段管道是什么位置的空间直线。

【知识链接】

构成立体的基本几何元素是点、线、面。如图 1-3-2（a）所示的正三棱锥，由侧面△SAB、△SBC、△SCA 及底面△ABC 所围成，各表面交于棱线 SA、SB、…，各棱线交于顶点 A、B、C、S。要绘制出三棱锥的三视图，先应画出这些顶点的三面投影，再将各顶点的投影分别连线，得到各棱线和各表面的三面投影，从而得出三棱锥的三视图。如图 1-3-2（b）所示。因此，要画出物体三视图，首先必须掌握点、线、面的投影规律。下面根据阅读管道布置图的需要，仅讲解点和直线在三投影面体系中的投影。

一、点的投影

1. 点的三面投影

如图 1-3-3（a）所示，由点 A 分别向三个投影面作垂线，垂足 a、a'、a''就是点 A 的三面

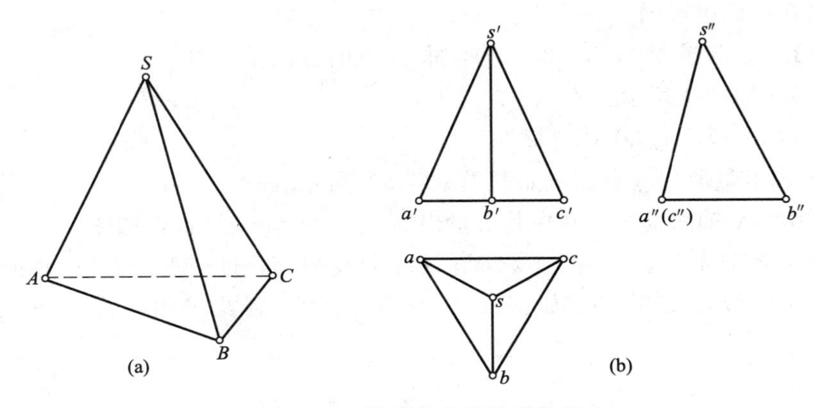

图 1-3-2 物体上点的投影分析

投影。将投影面按图 1-3-3（b）所示的箭头方向展开（H 面向下、向后旋转 90°，V 面向右、向后旋转 90°），即在展开后的三个投影面上得到点 A 的三面投影，如图 1-3-3（c）所示。

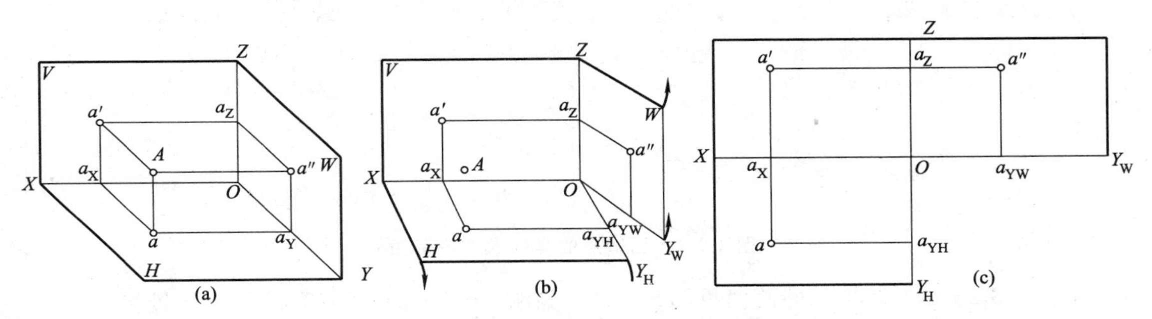

图 1-3-3 点的三面投影、空间位置及直角坐标

制图中规定空间点用英文大写字母或罗马数字表示，如 A、B、S、Ⅰ、Ⅱ、Ⅲ…；点在 H 面上的投影用相应小写字母表示，如 a、b、s、1、2、3…；点在 V 面上的投影用相应小写字母加上标“′”表示，如 a'、b'、s'、$1'$、$2'$、$3'$…；点在 W 面上的投影用相应小写字母加上标“″”表示，如 a''、b''、s''、$1''$、$2''$、$3''$…。

根据点的三面投影图的形成过程，可得出点的投影规律，如图 1-3-3（c）所示。

点的正面投影和水平投影的连线垂直于 OX 轴，即 $a'a \perp OX$；

点的正面投影和侧面投影的连线垂直于 OZ 轴，即 $a'a'' \perp OZ$；

点的水平投影到 OX 轴的距离等于侧面投影到 OZ 轴的距离，即 $aa_X = a''a_Z$。

2. 点的三面投影和直角坐标的关系

将投影轴当作坐标轴，三个投影轴的交点 O 为坐标原点，点的空间位置可用直角坐标来表示。

由图 1-3-3（a）可看出：

① $aa_X = a''a_Z = y = Aa'$（A 到 V 面的距离）

② $aa_{YH} = a'a_Z = x = Aa''$（$A$ 到 W 面的距离）

③ $a'a_X = a''a_{YW} = z = Aa$（$A$ 到 H 面的距离）

点的坐标书写形式为 A（x，y，z），如 A（10，15，20）。

点的坐标值可以直接从点的三面投影中量得；反之，由所给定点的坐标值，按点的投影规律可以画出其三面投影图。

【例 1-3-1】 已知点 A（15，12，20），求 A 点的三面投影图。

作图步骤如图 1-3-4 所示。

画投影轴 OX、OY_H、OY_W、OZ。

① 在 OX 轴上量取 $Oa_X=15$，如图 1-3-4（a）所示。

② 过 a_X 作 OX 轴的垂线，并在其上量出 $a'a_X=20$，$aa_X=12$，如图 1-3-4（b）所示。

③ 过 a 作 OX 轴的平行线与$\angle Y_WOY_H$ 的角分线相交，过交点作 OY_W 轴的垂线，与过 a'所作的 OZ 轴垂线相交于 a''，如图 1-3-4（c）所示。到此求出了点 A 的三面投影 a、a'、a''。

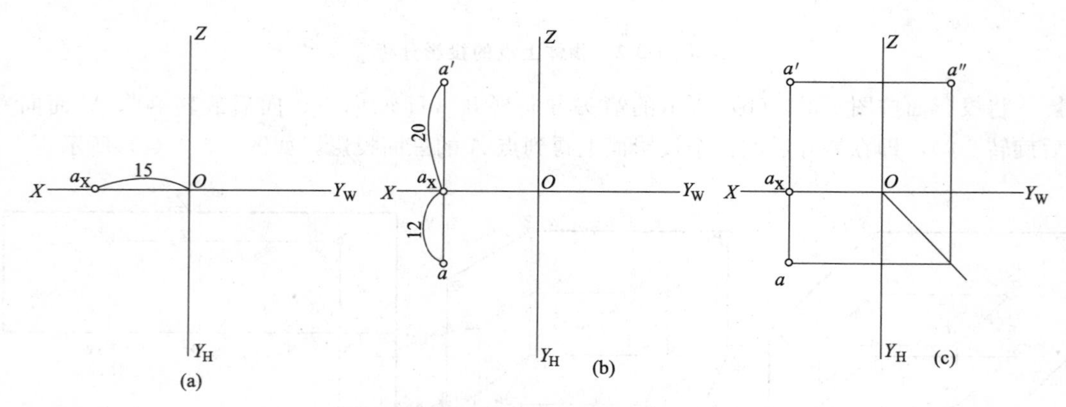

图 1-3-4 已知点的坐标求作投影图

【例 1-3-2】 已知点 B 的两面投影 b'、b''，如图 1-3-5（a）所示，求作水平投影。

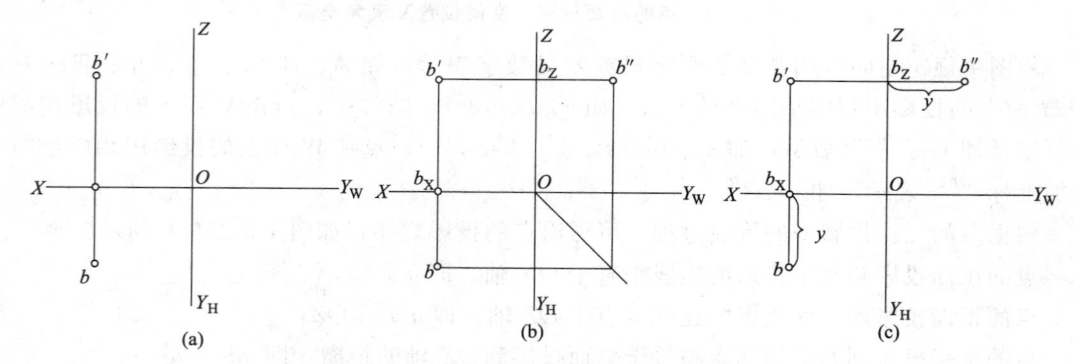

图 1-3-5 由点的两面投影求作第三面投影

解法一：通过作 45°线使 $b''b_Z=bb_X$，如图 1-3-5（b）所示。

解法二：用圆规直接量取 $b''b_Z=bb_X$，如图 1-3-5（c）所示。

3. 两点的相对位置

空间两点的相对位置，可比较两点的坐标值来确定。如图 1-3-6 所示。

两点的相对位置，指两个点的左右关系（X 轴方向）、前后关系（Y 轴方向）和上下关系（Z 轴方向），可由投影图判断，也可根据两点的坐标关系来判断。X 坐标大者在左；Y 坐标大者在前；Z 坐标大者在上。在图 1-3-6（a）中，若以点 B 作为基准，则点 A 在点 B 的左面（$x_A>x_B$）、前面（$y_A>y_B$）、下面（$z_A<z_B$），其相对位置的定值关系可由两点的

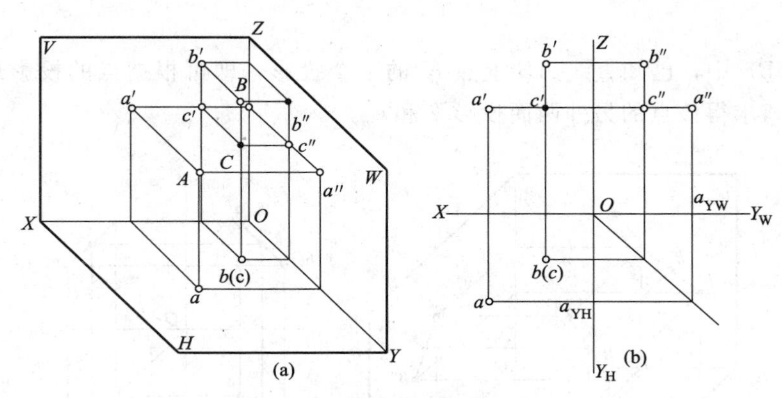

图 1-3-6　空间两点的相对位置

同名坐标来确定。

当两点处于某一投影面的同一投射线上时，它们在该投影面上的投影重合。定义在某一投影面上的投影重合的若干个点为对该投影面的重影点。重影点有两个坐标对应相等，另一个坐标不等。图 1-3-6（a）中，B 点和 C 点的水平投影重合，为对 H 面的重影点，两点的 X、Y 坐标对应相等，由于 $z_C < z_B$，则 C 点在 B 点的正下方，其水平投影被 B 点的水平投影遮挡，图中表示为 $b(c)$，括弧内的投影为不可见的投影，图 1-3-6（b）为点 A、B、C 的三面投影图。

二、直线的投影

1. 直线的三面投影

① 直线的投影一般仍为直线，如图 1-3-7（a）所示。

② 直线的投影可由直线上两点的同名投影（即在同一个投影面上的投影）来确定。如图 1-3-7（b）所示的线段的两端点 A、B 的三面投影，连接 ab、$a'b'$、$a''b''$，就是空间直线 AB 的三面投影，如图 1-3-7（c）所示。

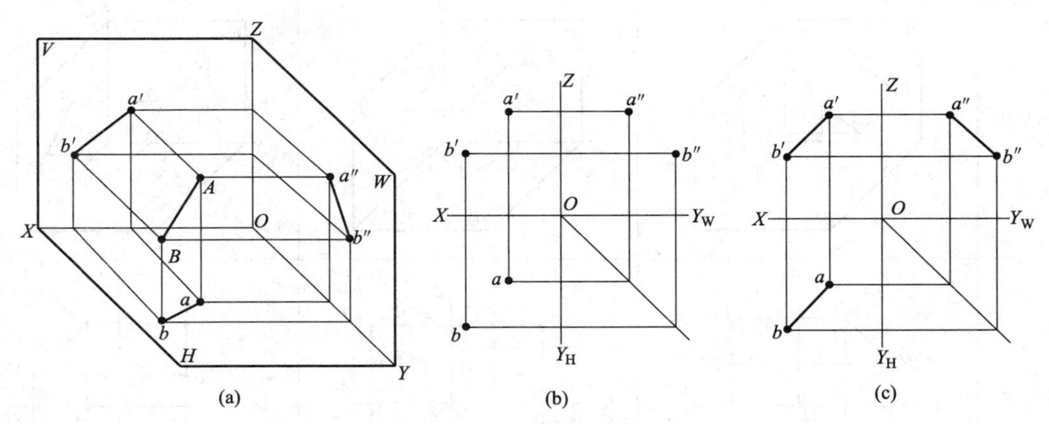

图 1-3-7　直线的三面投影和轴测图

2. 直线上点的投影特性

直线上的点，其投影必位于直线的同名投影上，并符合点的投影规律。

如图 1-3-8（a）所示，若 K 点在直线 AB 上，则 k 在 ab 上，k' 在 $a'b'$ 上，k'' 在 $a''b''$ 上。反之，若点的三面投影都落在直线的同名投影上，且其三面投影符合一点的投影规律，则点必在直线上。

图 1-3-8（b）中，已知直线 AB 上点 K 的一个投影，即可根据点的投影规律，在直线的同名投影上，求得该点的另外两面投影 k' 和 k''。

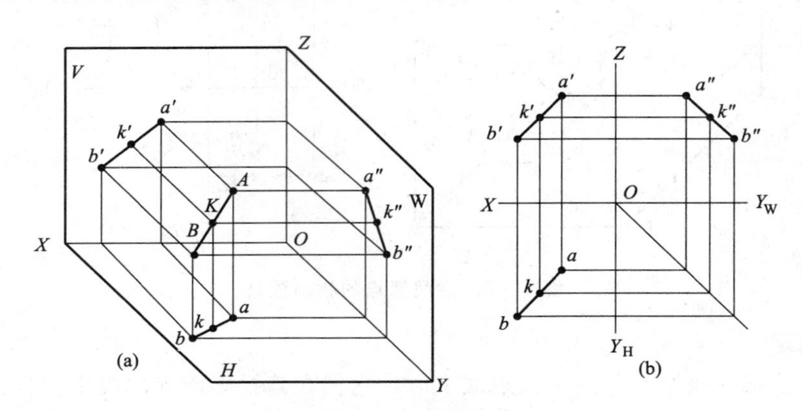

图 1-3-8　直线上点的三面投影和轴测图

3. 各种位置直线的投影

空间直线分为特殊位置直线和一般位置直线两类。

特殊位置直线是指在三投影面体系中与任一投影面垂直或平行的直线。

直线平行于某一投影面，而与另外两投影面倾斜，称为投影面平行线：直线垂直于某一投影面（必与另外两投影面平行），称为投影面垂直线。

（1）投影面平行线　投影面平行线包括平行于 V 面、H 面和 W 面三种情况，分别称为正平线、水平线和侧平线。表 1-3-1 列出了三种投影面平行线的图例和投影特性。

表 1-3-1　三种投影面平行线的图例和投影特性

名称	正平线（$/\!/V$ 面，对 H、W 面倾斜）	水平线（$/\!/H$ 面，对 V、W 面倾斜）	侧平线（$/\!/W$ 面，对 V、H 面倾斜）
轴测图	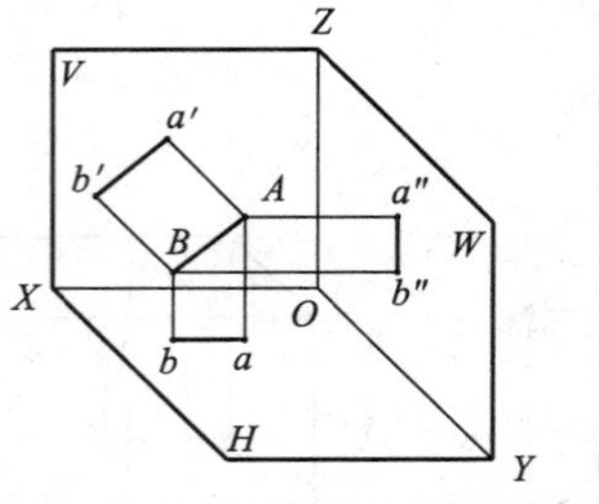	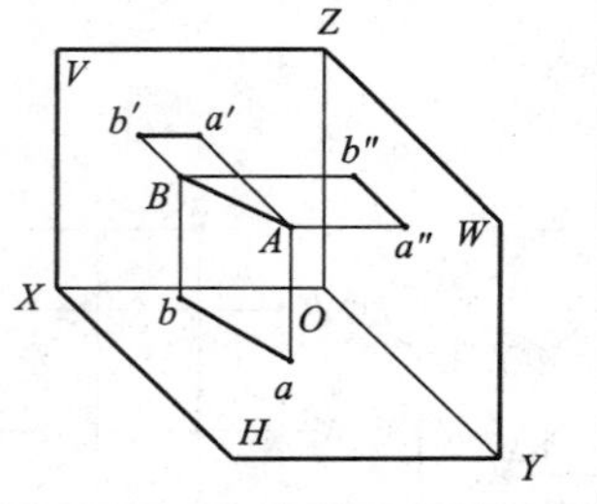	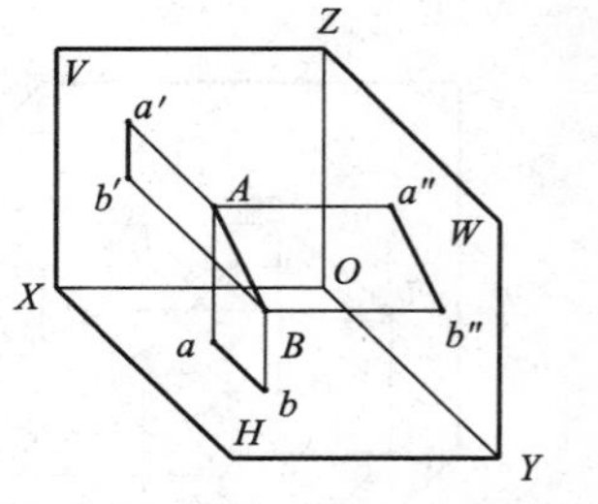
投影图	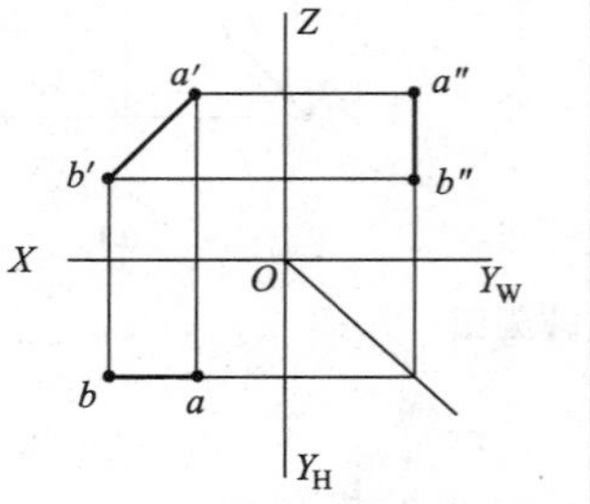	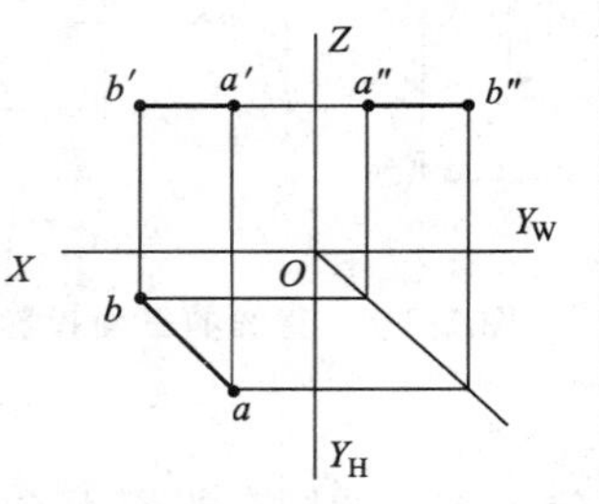	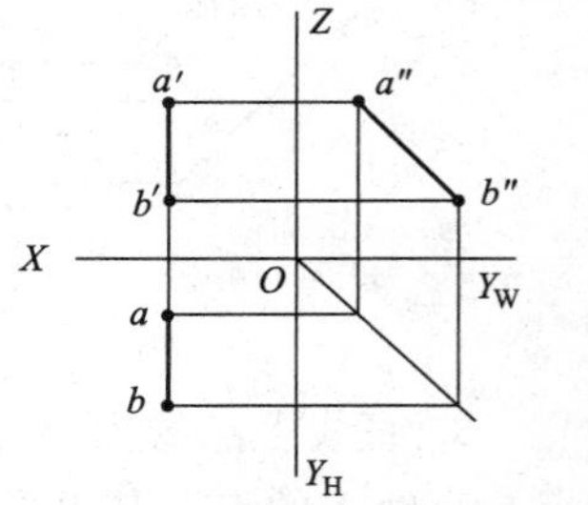
投影特性	①$a'b'$ 反映实长 ②$ab \perp OY_H$，$a''b'' \perp OY_W$，长度缩短	①ab 反映实长 ②$a'b' \perp OZ$ 轴，$a''b'' \perp OZ$ 轴，长度缩短	①$a''b''$ 反映实长 ②$a'b' \perp OX$，$ab \perp OX$，长度缩短

由此得出投影面平行线的投影特性：在所平行的投影面上的投影反映实长；而另外两个投影同时垂直于某个投影轴，都不反映实长。

（2）投影面垂直线　投影面的垂直线包含垂直于 V 面、H 面和 W 面三种情况，分别称为正垂线、铅垂线和侧垂线。表 1-3-2 列出了三种投影面垂直线的图例和投影特性。

表 1-3-2　三种投影面垂直线的图例和投影特性

名称	正垂线（$\perp V$ 面，$/\!/ H$ 面，$/\!/ W$ 面）	铅垂线（$\perp H$ 面，$/\!/ V$ 面，$/\!/ W$ 面）	侧垂线（$\perp W$ 面，$/\!/ V$ 面，$/\!/ H$ 面）
轴测图	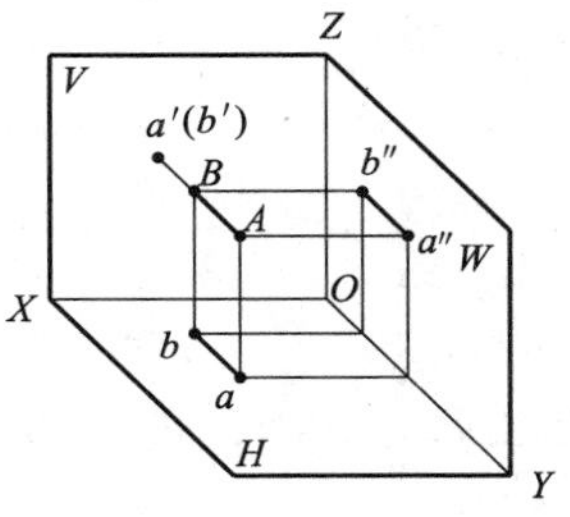 Z, V, $a'(b')$, B, b'', A, a'', W, O, X, b, a, H, Y	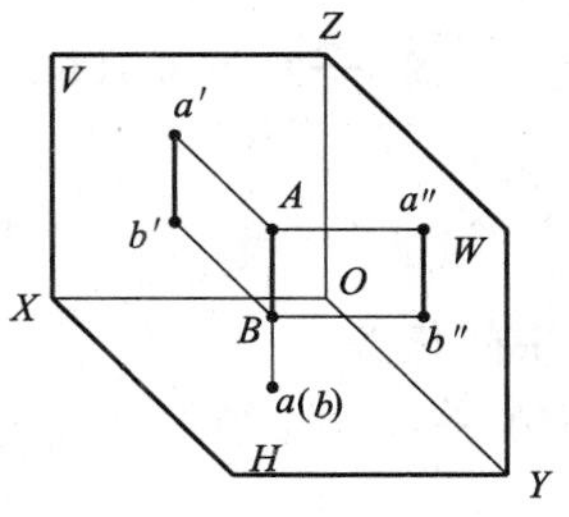 Z, V, a', b', A, a'', W, O, X, B, b'', $a(b)$, H, Y	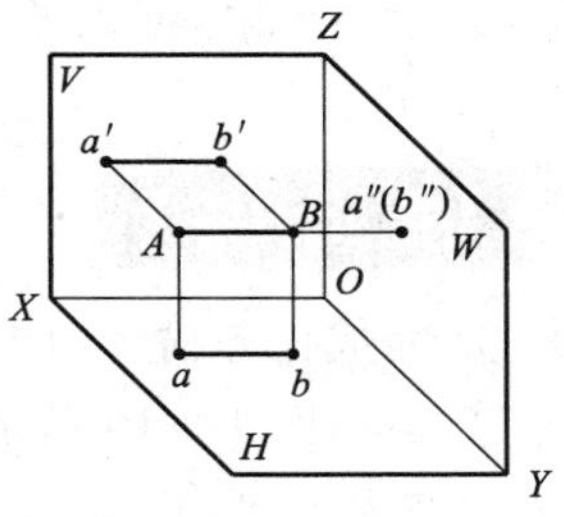 Z, V, a', b', B, $a''(b'')$, A, W, O, X, a, b, H, Y
投影图	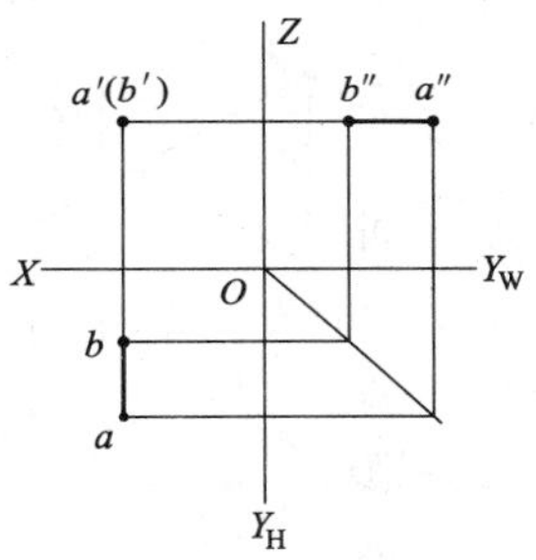 Z, $a'(b')$, b'', a'', X, O, Y_W, b, a, Y_H	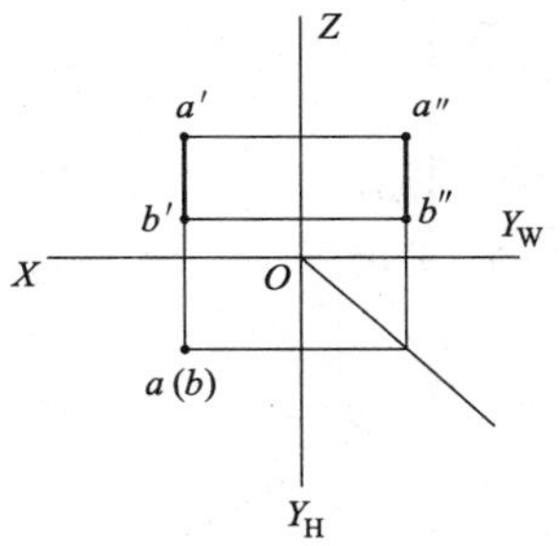 Z, a', a'', b', b'', Y_W, X, O, $a(b)$, Y_H	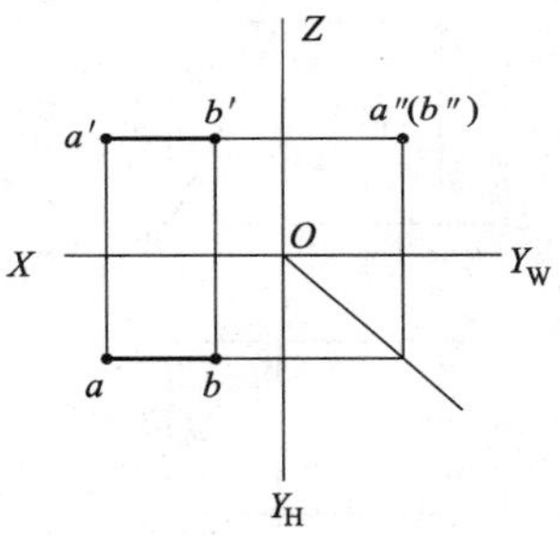 Z, a', b', $a''(b'')$, O, X, Y_W, a, b, Y_H
投影特性	①$a'(b')$积聚成一点 ②$ab /\!/ OY_H$，$a''b'' /\!/ OY_W$，均反映实长	①$a(b)$积聚成一点 ②$a'b' /\!/ OZ$，$a''b'' /\!/ OZ$，均反映实长	①$a''(b'')$积聚成一点 ②$a'b' /\!/ OX$，$ab /\!/ OX$，均反映实长

由此得出投影面垂直线的投影性质：在所垂直的投影面上的投影积聚成一点；在另外两投影面上的投影分别平行于某一投影轴，且皆反映实长。

（3）一般位置直线

在三投影面体系中，与三个投影面都倾斜的直线称为一般位置直线。如图 1-3-9（a）中的直线 SA 即为一般位置线。一般位置直线的三面投影都倾斜于投影轴，且都不反映实长。

【例 1-3-3】 分析如图 1-3-9 所示的正三棱锥各棱线与投影面的相对位置。

① 棱线 SB。因 $sb /\!/ OY_H$，$s'b' /\!/ OZ$，所以 SB 为侧平线，$s''b''$ 反映实长，如图 1-3-9（b）所示。

② 棱线 AC。因侧面投影 $a''(c'')$ 重影，所以 AC 为侧垂线，$a'c'=ac$，并反映实长，如图 1-3-9（c）所示。

③ 棱线 SA。因三个投影 sa、$s'a'$、$s''a''$ 均倾斜于投影轴，所以是一般位置直线，如图 1-3-9（d）所示。

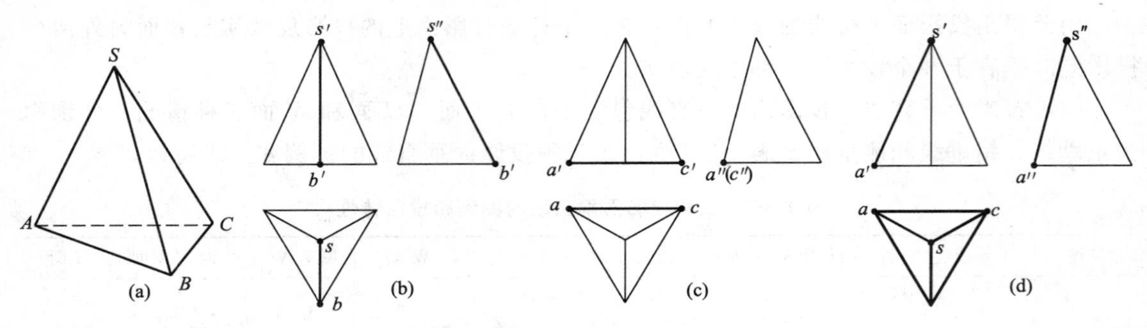

图 1-3-9 分析直线的投影

【技能训练】

① 完成任务描述图 1-3-1 中的任务。

② 根据图 1-3-10 所示管道的三视图，在长方体中绘制出管道在空间的立体图，并判断管道的空间走向。

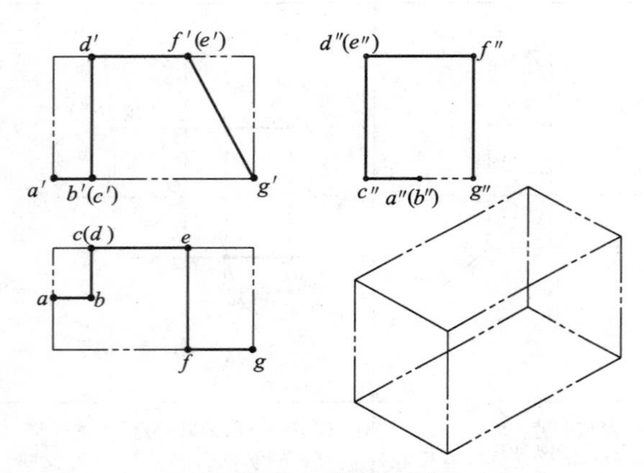

图 1-3-10 管道三视图

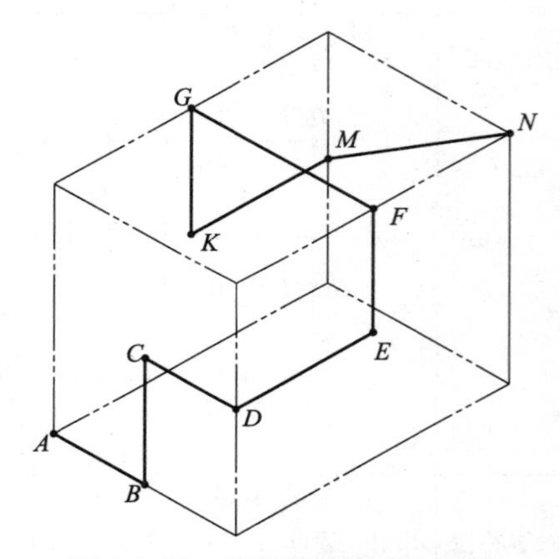

图 1-3-11 管道的空间走向模型

③ 根据图 1-3-11 所示管道的立体图绘制出管道的三视图，并判断管道的空间走向。

管线自 A 点开始，向______、向______、向______、向______、向______、向______、向______、向______、向______。

AB 是______线、*BC* 是______线、*CD* 是______线、*DE* 是______线、*EF* 是______线、*FG* 是______线、*GK* 是______线、*KM* 是______线、*MN* 是______线。

【任务一指导】

一、绘图

① 把图 1-3-1（a）中管道抽象为直线后，为了不遗漏各段管道，可用数字，如ⅠⅡ段、ⅤⅥ段等标出每一段管道，然后逐段分析它们的空间位置，绘出投影图。

② 图中ⅠⅡ为铅垂线，ⅡⅢ为正垂线，ⅢⅣ为侧垂线，ⅣⅤ为正垂线，ⅤⅥ为一般为直线，ⅥⅦ为铅垂线，ⅦⅧ为侧垂线。画图时就可以根据这些直线的特点进行绘图。

③ 绘制完成后，应按各段管道编号顺序检查是否都投影完整，特别要注意具有积聚性

的投影。

④ 图 1-3-1（a）所示的管道的三面投影如图 1-3-12 所示。

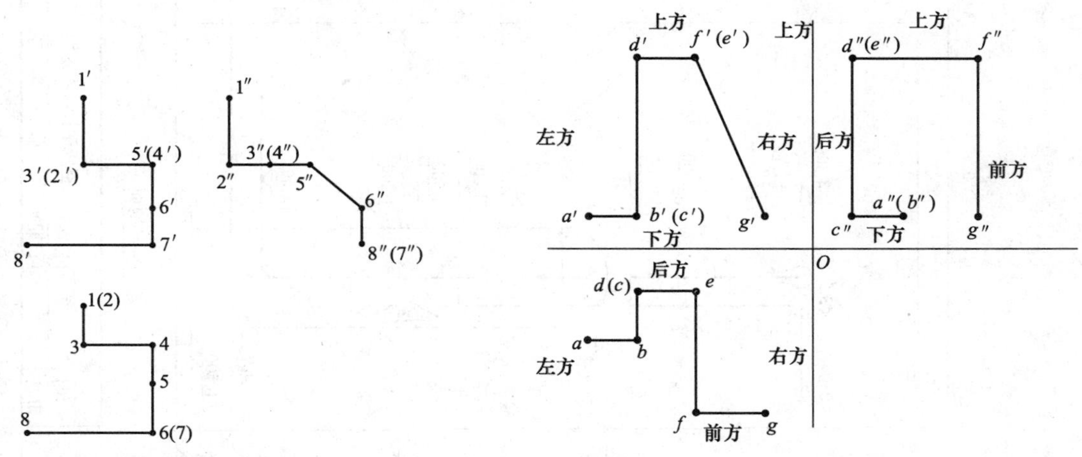

图 1-3-12　管道的三面投影

图 1-3-13　管道的空间走向判断

二、判断管道空间走向

可先在图中画出投影轴，然后参照投影轴判定管道空间走向。参照图 1-3-13 所示的投影轴，可判断管道空间走向是：从 A 起向右至 B→向后至 C→向上至 D→向右至 E→向前至 F→向右下方至 G。

并确定出 AB 为侧垂线，BC 为正垂线，CD 为铅垂线，DE 为侧垂线，EF 为正垂线，FG 为正平线。

任务二　识读空压站岗位（除尘器部分）管道布置图

【任务目标】

① 了解管道布置图的内容和作用。

② 了解管道的图示方法和管道布置图的画法。

③ 掌握管道布置图的阅读方法，能阅读管道布置图。

【任务描述】

阅读如图 1-3-14 所示管道布置图。

【知识链接】

管道的图示方法也是按正投影原理绘制的，但由于工程中管道的空间位置及分布走向复杂多样，在用图样表达时，不能完全按照前面介绍的点和直线的投影方法，对管道的一些特殊位置和走向必须作出相关规定，以便将它们用图形清楚地表达出来。同时在化工厂建设施工阶段，复杂的管道安装是依据管道布置图等技术文件进行的，管道布置图必须表明管道在厂房内外的布置情况。因此要阅读管道布置图，除了必须熟练掌握一段管道的表达方法外，还必须学会如何清楚地表达整个工艺过程中全部管道的方法。

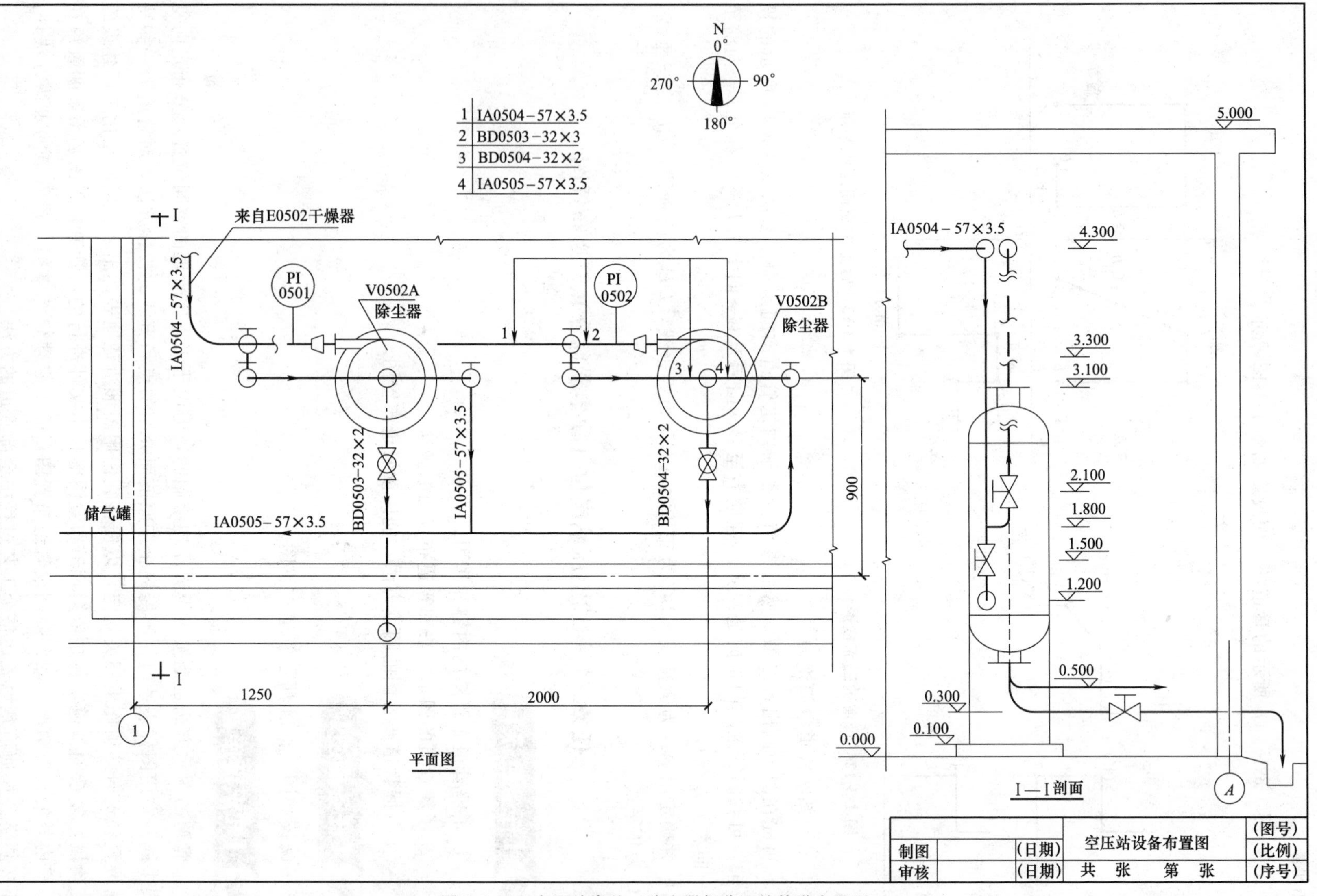

图 1-3-14 空压站岗位（除尘器部分）的管道布置图

一、管道布置图的作用和内容

管道布置图是在设备布置图的基础之上画出管道、阀门及控制点，表示厂房建筑内外各设备之间管道的连接和位置以及阀门、仪表控制点的安装位置的图样。

图 1-3-14 所示为空压站岗位（除尘器部分）的管道布置图，从中看出，管道布置图一般包括以下内容。

(1) 一组视图　表达整个车间（装置）的设备、建筑物的简单轮廓以及管道、管件、阀门、仪表控制点等的布置安装情况。与设备布置图类似，管道布置图的一组视图主要包括管道布置平面图和剖面图。

(2) 标注　包括建筑物定位轴线编号、设备位号、管道代号、控制点代号，建筑物和设备的主要尺寸。管道、阀门、控制点的平面尺寸和标高以及必要的说明等。

(3) 方位标　表示管道安装的方位基准（与设备布置图相同）。

(4) 标题栏　注写图名、图号、比例及签字等。

二、管道的图示方法

1. 管道的画法规定

管道布置图中，管道是图样表达的主要内容，因此用粗实线（或中粗线）表示。为了画图简便，通常将管道画成单线（粗实线），如图 1-3-15 (a) 所示。对于大直径（$DN \geqslant$ 250mm）或重要管道（$DN \geqslant$50mm，受压在 12MPa 以上的高压管），则将管道画成双线（中粗实线），如图 1-3-15 (b) 所示。在管道的断开处应画出断裂符号，单线及双线管道的断裂符号如图 1-3-15 所示。

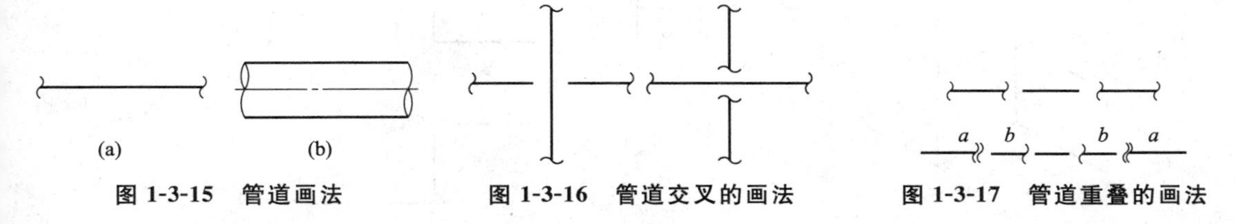

图 1-3-15　管道画法　　图 1-3-16　管道交叉的画法　　图 1-3-17　管道重叠的画法

管道交叉时，一般将下方（或后方）的管道断开；也可将上面（或前面）的管道画上断裂符号断开，如图 1-3-16 所示。

管道的投影重叠而需要表示出不可见的管段时，可采用断开显露法将上面（或前面）管道的投影断开，并画上断裂符号。当多根管道的投影重叠时，最上一根管道画双重断裂符号，并可在管道断开处注上 a、b 等字母，以便辨认，如图 1-3-17 所示。

2. 管道转折

管道大都通过 90°弯头实现转折。在反映转折的投影中，转折处用圆弧表示。在其他投影图中，转折处画一细实线小圆表示。为了反映转折方向，规定当转折方向与投影方向一致时，管线画入小圆至圆心处，如图 1-3-18 (a) 中的左侧立面图所示；当转折方向与投影方向相反时，管线不画入小圆内，而在小圆内画一圆点，如图 1-3-18 (a) 中的右侧立面图所示。用双线画出的管道的转折画法如图 1-3-18 (b) 所示。

图 1-3-19 和图 1-3-20 所示为两次和多次转折的实例。

【例 1-3-4】 已知一管道的平面图如图 1-3-21 (a) 所示，试分析管道走向，并画出正立面图和侧立面图（高度尺寸自定）。

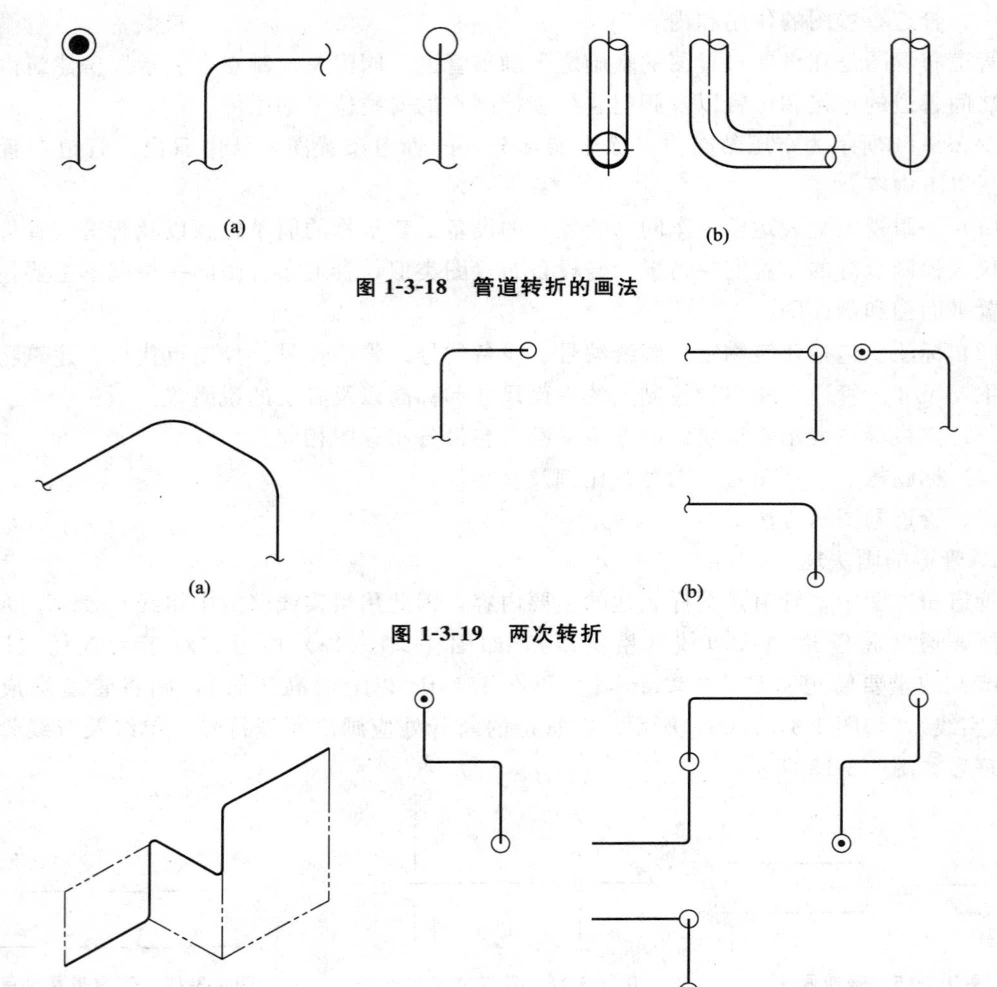

图 1-3-18　管道转折的画法

图 1-3-19　两次转折

图 1-3-20　多次转折

分析：由平面图可知，该管道的空间走向为：自左向右→向下→向前→向上→向右。根据上述分析，可画出该管道的正立面图和左侧立面图，如图 1-3-21（b）所示。

【例 1-3-5】 已知一管道的平面图和正立面图如图 1-3-22（a）所示，试画出左立面图。

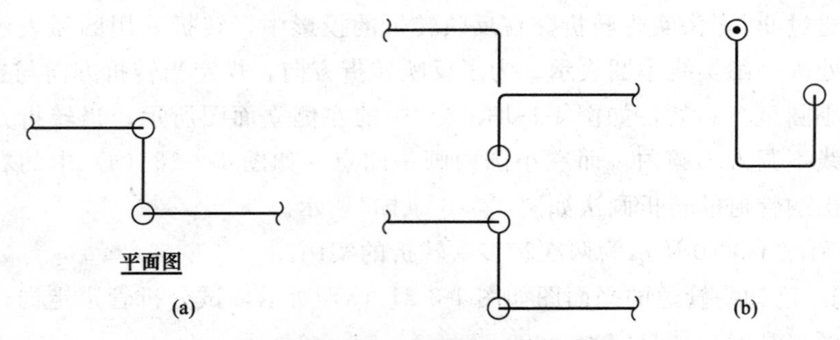

图 1-3-21　由平面图分析管道走向

分析：由平面图可知，该管道的空间走向为：从上至下→向前→向下→向前→向下→向右→向上→向右→向下→向右。

根据上述分析，可画出该管道的左立面图，其中有三段管道重叠，应采用断开显露法，如图 1-3-22（b）所示。

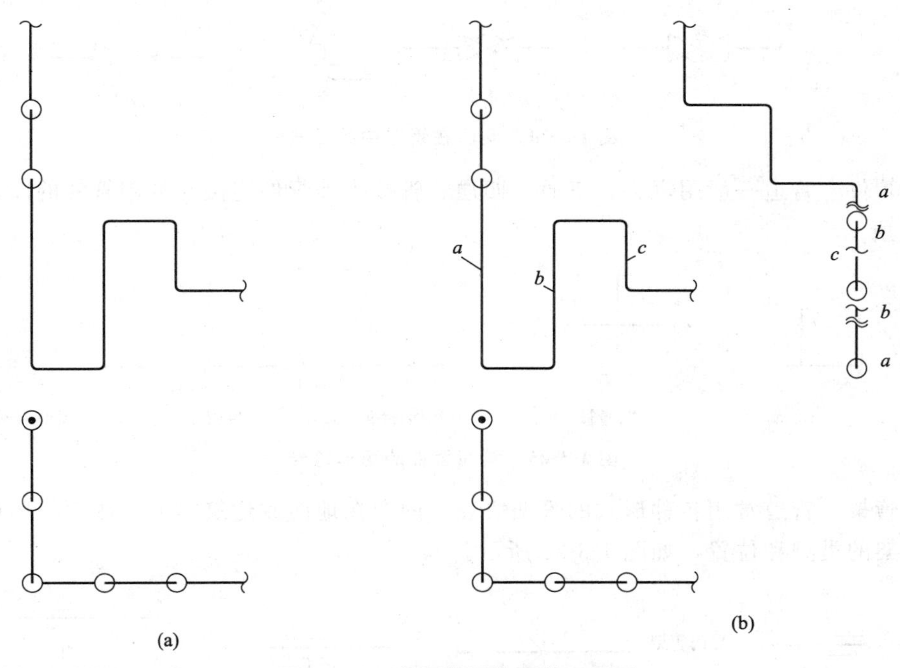

图 1-3-22　由两视图补画第三视图

3. 管道连接与管道附件的表示

（1）管道连接　两段直管相连接通常有法兰连接、承插连接、螺纹连接和焊接四种形式，其中连接画法如图 1-3-23 所示。

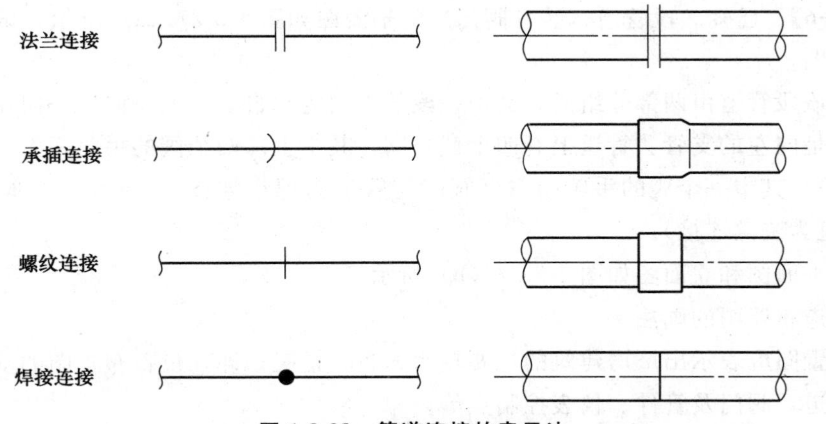

图 1-3-23　管道连接的表示法

（2）阀门　管道布置图中的阀门与工艺流程图类似，仍用图形符号表示。但一般在阀门上表示出控制方式及安装方位，如图 1-3-24（a）所示。图 1-3-24（b）所示为阀门的安装方位不同时的画法。阀门与管道的连接方式如图 1-3-24（c）所示。

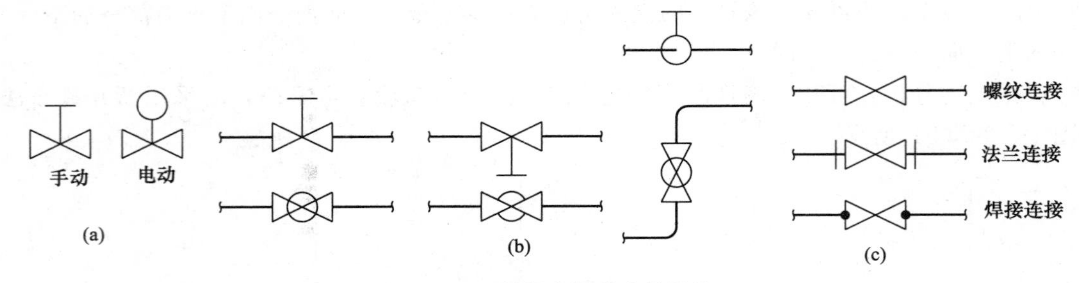

图 1-3-24 阀门在管道中的画法

（3）管件 管道一般用弯头、三通、四通、管接头等管件连接，常用管件的图形符号如图 1-3-25 所示。

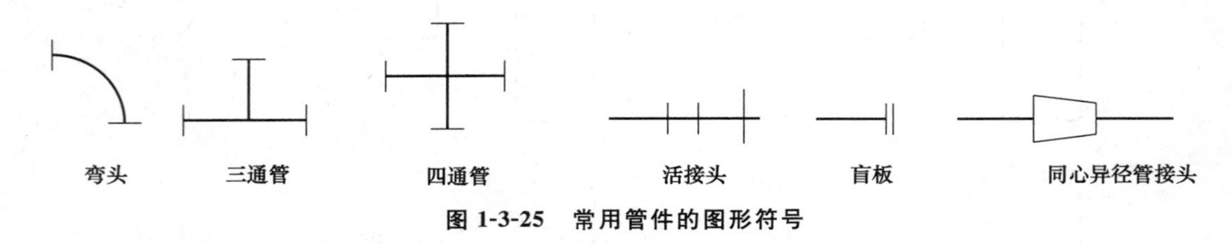

图 1-3-25 常用管件的图形符号

（4）管架 管道常用各种形式的管架安装、固定在地面或建筑物上。图中一般用图形符号表示管架的类型和位置，如图 1-3-26 所示。

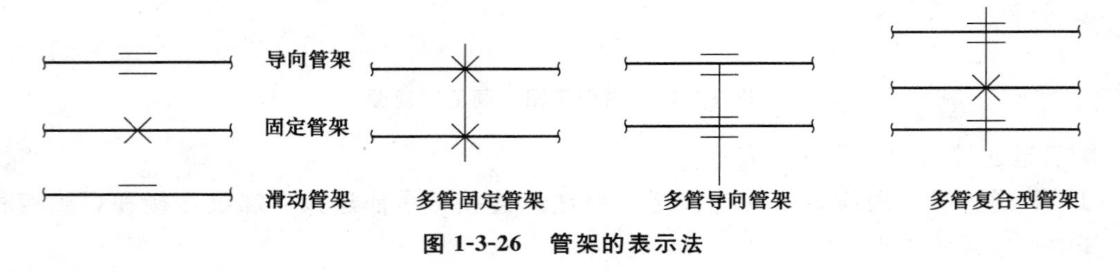

图 1-3-26 管架的表示法

【例 1-3-6】 已知一段管道（装有阀门）的轴测图如图 1-3-27（a）所示，试画出其平面图和正立面图。

分析：该段管道由两部分组成，其中一段的走向为：自下向上→向后→向左→向上→向后；另一段是向左的支管。管道上有四个截止阀，其中上部两个阀的手轮朝上（阀门与管道为法兰连接），其中一个阀的手轮朝右（阀门与管道为螺纹连接），下部一个阀的手轮朝前（阀门与管道为法兰连接）。

管道的平面图和立面图如图 1-3-27（b）所示。

三、管道布置图的画法

管道布置图应表示出厂房建筑的主要轮廓的布置情况，即在设备布置图的基础上再清楚地表示出管道、阀门及管件、仪表控制点等。

管道布置图的表达重点是管道，因此图中管道用粗实线表示（双线管道用中粗实线表示），而厂房建筑、设备的轮廓一律用细实线表示，管道上的阀门、管件、控制点等符号也用细实线表示。

管道布置图的一组视图以管道布置平面图为主。平面图的配置，一般应与设备布置图中

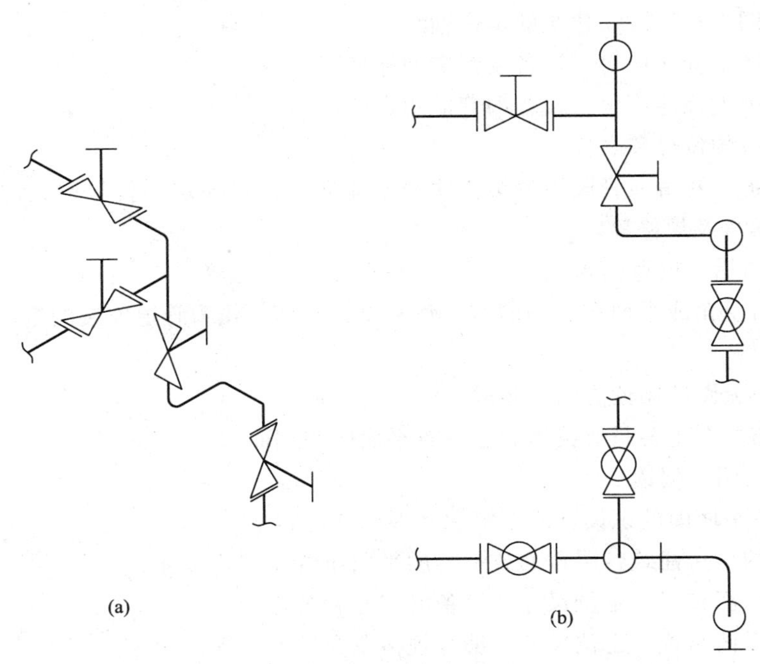

图 1-3-27　管道的平面图和立面图

的平面图一致，即按建筑标高平面分层绘制。各层管道布置平面图将厂房建筑剖开，而将楼板（或屋顶）以下设备、管道等全部画出，不受剖切位置的影响。当某一层管道上、下重叠过多，布置比较复杂时，也可再分层分别绘制。

在平面图的基础上，选择恰当的剖切位置画出剖面图，以表达管道的立面布置情况和标高。必要时还可以选择立面图、向视图或局部视图对管道布置情况进一步补充表达。为使表达简单且突出重点，常采用局部的剖面图或立面图。

下面结合图 1-3-14，说明管道布置图的绘图步骤。

1. 确定表达方案

应以带控制点的工艺流程图和设备布置图为依据，确定管道布置图的表达方法。

图 1-3-14 中，画出了平面布置图，在此基础上选取Ⅰ—Ⅰ剖面图表达了管道的立面布置情况。

2. 确定比例，选择图幅，合理布图

表达方案确定后，根据尺寸大小及管道布置的复杂程度，选择恰当的比例和图幅，合理布置视图。

3. 绘制视图

画管道平面图和剖面图时的步骤如下。

① 用细实线按比例画出厂房建筑的主要轮廓。

② 用细实线按比例画出带管口的设备示意图。

③ 用粗实线画出管道。

④ 用细实线画出管道上各管件、阀门和控制点。

4. 图样的标注

① 标注各视图的名称。

② 在各视图上标注厂房建筑的定位轴线。

③ 在剖视图上标注厂房、设备及管道的标高。

④ 在平面图上标注厂房、设备和管道的定位尺寸。

⑤ 标注设备的位号和名称。

⑥ 标注管道。对每一管段用箭头指明介质流向，并以规定的代号形式注明各管段的物料名称、管道编号及规格等。

5. 绘制方向标、填写标题栏

在图样的右上角或平面布置图的右上角画出方向标，作为管道安装的定向基准，最后填写标题栏。

四、管道布置图的阅读方法和步骤

阅读管道布置图主要是要读懂管道布置平面图和剖面图。

1. 管道平面图的阅读

通过对管道平面图的识读，应了解和掌握以下内容。

① 所表达的厂房建筑各层楼面或平台的平面布置及定位尺寸。

② 设备的平面布置、定位尺寸及设备的编号和名称。

③ 管道的平面布置、定位尺寸、编号规格及介质流向等。

④ 管件、管架、阀门及仪表控制点等的种类及平面位置。

2. 管道立面（或剖面）图的阅读

通过对管道立面（或剖面）图的识读，应了解和掌握如下内容。

① 所表达的厂房建筑各层楼面或平台的立面结构及标高。

② 设备的立面布置情况、标高及设备的编号和名称。

③ 管道的立面布置情况、标高、编号规格及介质流向等。

④ 管件、阀门及仪表控制点的立面布置和高度位置。

由于管道布置图是根据带控制点的工艺流程图、设备布置图设计绘制的，因此，阅读管道布置之前应首先读懂相应的带控制点的工艺流程图和设备布置图。对于空压站岗位，已阅读过了带控制点的工艺流程图和设备布置图，下面介绍其管道布置图的读图方法和步骤。

3. 举例讲解阅读管道布置图的方法和步骤

（1）概括了解　先了解图中平面图、剖面图的配置情况，视图数量等。

图 1-3-14 中仅表示了与除尘器有关的管道布置情况，包括平面图和Ⅰ—Ⅰ剖面图两个视图。

（2）详细分析

① 了解厂房建筑、设备的布置情况、定位尺寸、管口方位等。

由图 1-3-14 并结合与其相应的设备布置图（如图 1-2-34）可知，两台除尘器离南墙距离为 900mm，离西墙分别为 1250mm、3250mm。

② 分析管道走向、编号、规格及配件等的安装位置。

从图 1-3-14 中平面图与Ⅰ—Ⅰ剖面图中可看到，来自 E0502 干燥器的管道 IA0504-57×3.5 到达除尘器 V0502A 左侧时分成两路；一路向右去另一台除尘器 V0502B（管路走向请自行分析）；另一路向下至标高 1.500m 处，经截止阀，至标高 1.200m 处向右转弯，经异径接头后与除尘器 V0502A 的管口相接。

此外这一路在标高 1.800m 处分出另一支管则向前、向上，经过截止阀到达标高 3.300m 时，向右拐，至除尘器 V0502A 顶端与除尘器接管口相连，并继续向右、向下、向前与来自除尘器 V0502B 的管道 IA0505-57×3.5 相接。该管道最后向后、向左穿过墙去储气罐 V0503。

除尘器底部的排污管至标高 0.300m 时拐弯向前，经过截止阀再穿过南墙后排入地沟。

（3）总结归纳

所有管道分析完毕后，进行综合归纳，从而建立起一个完整的空间概念。图 1-3-28 为空压站岗位（除尘器部分）的管道布置轴测图。

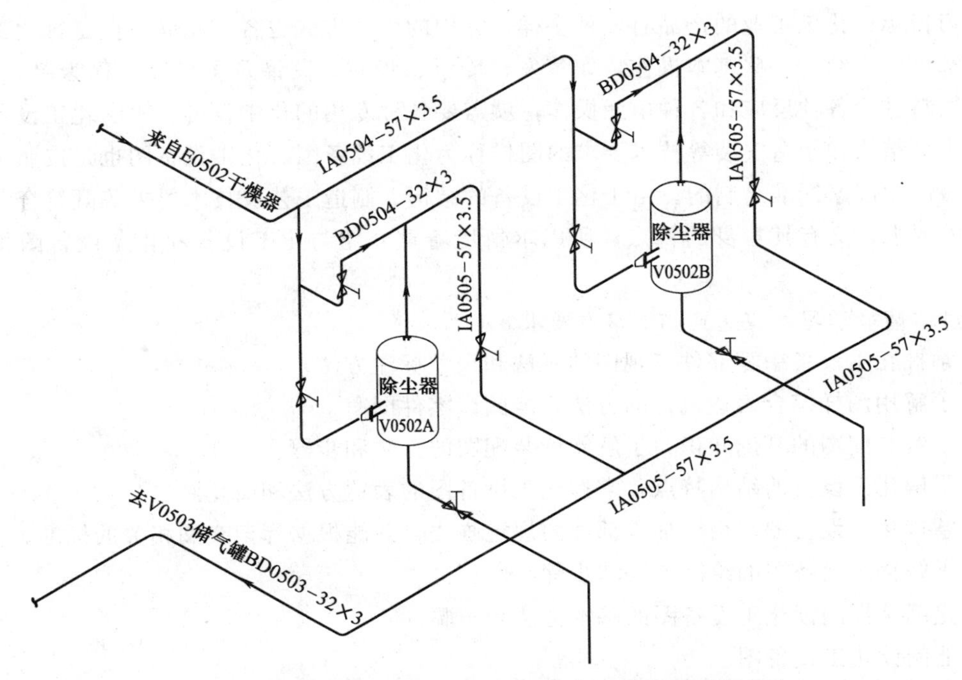

图 1-3-28　空压站岗位（除尘器部分）管道布置轴测图

【技能训练】

训练方式：

① 阅读图 1-3-14 所示管道布置图。

② 通过网络学习平台的习题库、试题库查找资料，选择某炼化工厂生产车间较简单的管道布置图，完成管道布置图的阅读。

情境二

化工设备图的识读与绘制

学习目标　化工工业的产品有多种多样，它们的生产方式也各不相同。但是，化工生产过程大都可以归纳为一些基本操作，如蒸发、冷凝、吸收、蒸馏及干燥等，称为单元操作。为了使物料进行各种反应和各种单元操作，就需要各种专用的化工设备。表示化工设备的形状、大小、结构和制造安装等技术要求的图样称为化工设备图。化工设备图也是按照正投影法和机械制图国家标准绘制的。由于化工设备的结构、制造工艺及技术要求等既符合一般机械图样的要求，又有其自身的特点。所以本情境着重介绍与化工设备和化工设备图相关的内容。

通过本情境学习，应达到如下基本要求。

① 掌握化工设备中零部件三视图的画法和尺寸标注方法。

② 了解用图样综合表达机件的方法，能阅读零件图。

③ 了解装配图的基础知识，了解阅读装配图的方法和步骤。

④ 了解化工设备的结构特点，掌握化工设备图的表达方法和简化画法。

⑤ 掌握化工设备图常用标准零部件的规定画法，并能根据标记查阅相关的标准。

⑥ 了解化工设备图的绘制方法和步骤。

⑦ 熟练掌握阅读化工设备图的基本方法和步骤。

⑧ 能阅读化工设备图。

子情境一　零件图的绘制与识读

化工设备是由化工设备零部件按一定要求有规律地装配起来的。所以为了识读和绘制化工设备图，必须要先学习零部件的识读与绘制。因此，通过本情境的学习，应能绘制和识读组成化工设备零件、部件的三视图；了解用图样综合表达零部件的方法；能阅读零件图。

任务一　绘制化工设备中零件的三视图

【任务目标】

① 认识化工设备中的零件。

② 掌握化工设备中零件三视图的画法及尺寸标注方法。

③ 能通过化工手册查阅化工设备中零件的相关信息。

④ 能绘制化工设备中零件的三视图并标注尺寸。

【任务描述】

如图 2-1-1 所示四种形体，分别是化工设备中四种零件的立体图，图 2-1-1（a）、（b）、（c）、（d）所示形体分别为筒体、椭圆形封头、补强圈、法兰盘。绘出它们的三视图并标注尺寸。

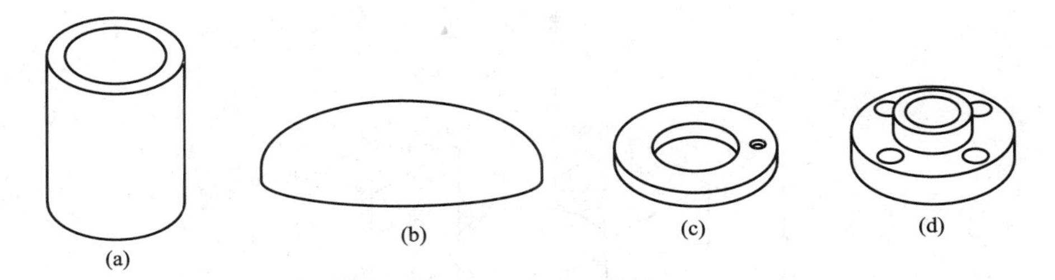

图 2-1-1 四种化工设备中零件的轴测图

【知识链接】

一、化工图样中常见的基本体

在机械制图中根据立体表面的情况，通常将基本体归结为下面两类。

平面立体：表面全为平面的立体。如棱柱、棱锥等。

曲面立体（回转体）：包含有曲面的立体。如圆柱、圆锥、圆球、椭球等。

化工图样中常见的基本体是回转体。

回转体由回转面和平面或完全由回转面围成，回转面由一条母线（直线或曲线）绕轴线（直线）回转而成，母线上任意点的运动轨迹均为圆，母线的任一位置称为回转面的素线。

二、化工图样中常见基本体的三视图及尺寸标注

1. 圆柱

（1）投影分析 如图 2-1-2（a）所示，圆柱轴线为铅垂线，圆柱面上所有素线都是铅垂线，因而圆柱面的水平投影积聚为圆，正面和侧面投影为矩形，圆柱的上、下两端面为水平面，其水平投影反映圆的实形，正面和侧面投影积聚为直线。

（2）圆柱的三视图 圆柱的俯视图为圆，它既反映上端面（可见）及下端面（不可见）的实形，又是圆柱面的积聚性投影，圆柱面上任何点、线的水平投影都落在圆周上。主视图为一矩形线框，上、下两条直线为上、下端面圆的积聚投影，左、右两条直线为圆柱正面投影的轮廓线，它们分别是圆柱面上最左、最右素线 AB、CD 的正面投影。主视图中，以最左、最右素线为界，前半圆柱可见，后半圆柱不可见。这两条轮廓线的侧面投影与轴线的侧面投影重合，因为它们不是圆柱侧面投影的轮廓线，故其侧面投影不应画出。圆柱的左视图也是一矩形线框，但左视图中圆柱的轮廓线是圆柱面上最前、最后素线 EF、GH 的侧面投影。

图 2-1-2（b）所示为圆柱的三视图。画圆柱的三视图时，应先画出中心线、轴线和轴向定位基准（如下端面），其次画投影为圆的视图，然后再画其余两个视图。

（3）圆柱表面上的点 如图 2-1-2（b）所示，已知圆柱面上点 M 的侧面投影（m''）和点 N 的正面投影 n'，求其另两面投影。

先判别 M、N 的空间位置。

由（m''）的位置可知 M 点位于前半圆柱面的右半部分，根据圆柱面水平投影的积聚性可求得 m，由 m 和 m'' 可求出 m'，由于点位于前半圆柱面上，故 m' 可见。

由 n' 可知 N 点位于圆柱面的最右素线上，可在最右素线的同名投影上求得 n 和 n''，由于最右素线的侧面投影不可见，故 n'' 不可见。求得结果如图 2-1-2（c）所示。

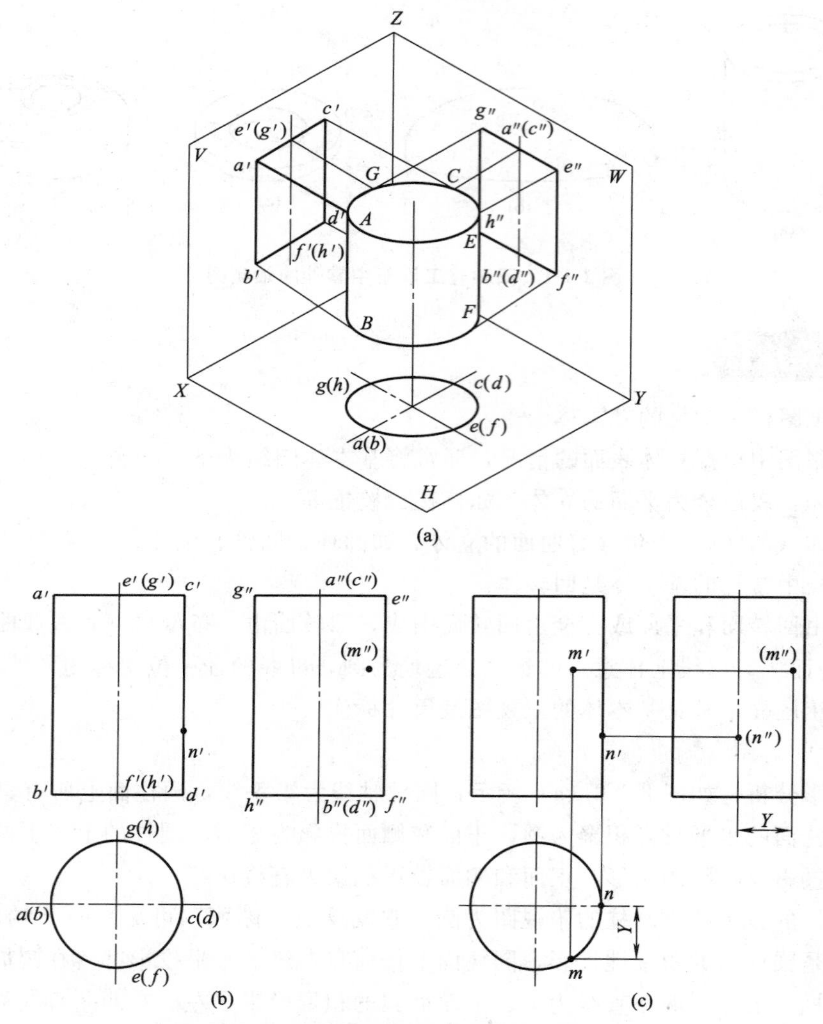

图 2-1-2　圆柱的轴测图、三视图和表面取点

2. 圆锥

圆锥由圆锥面和底面（圆形平面）围成。圆锥面上连接锥顶点和底圆圆周上任一点所得到的直线皆称为圆锥面的素线。

(1) 投影分析　图 2-1-3（a）所示的圆锥，其轴线为铅垂线，底面为水平圆，其水平投影反映实形（不可见），另两面投影积聚为直线。

(2) 圆锥的三视图　图 2-1-3（b）所示为圆锥的三视图。圆锥面的三个投影都没有积聚性，其水平投影与底圆的水平投影重合，圆锥面正面投影的轮廓线为最左、最右素线 SA、SB 的正面投影，圆锥面的正面投影落在三角形线框内。以 SA、SB 为界，前半圆锥面可

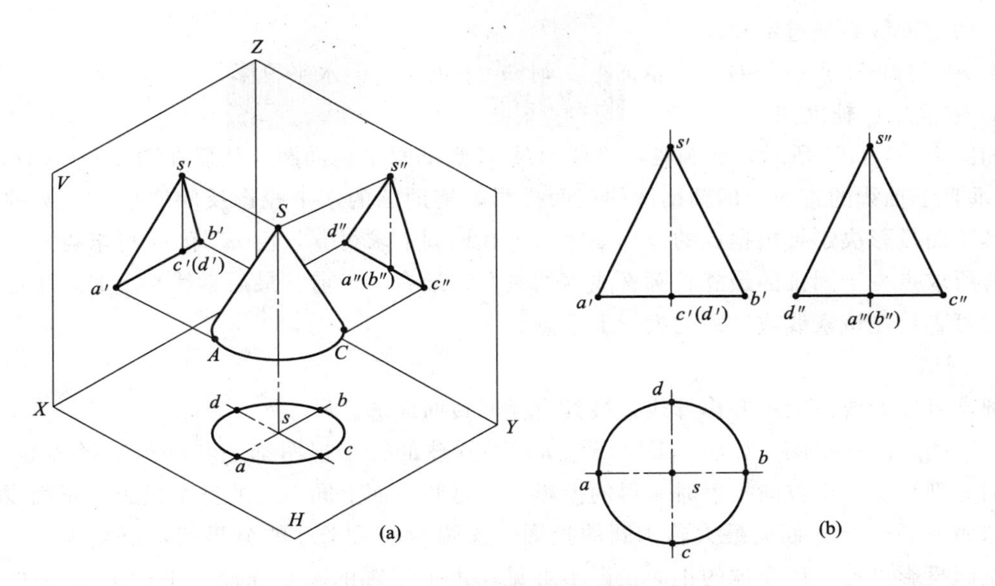

图 2-1-3　圆锥的轴测图和三视图

见，后半圆锥面不可见，最左、最右两素线的侧面投影与轴线的侧面投影重合，不应画出。圆锥的左视图请读者自行分析。

画圆锥的三视图时，应先画出中心线、轴线和轴向基准线（底面）。然后画出投影为圆的俯视图，再根据圆锥的高度画出锥顶点的投影，进而画出其他两个非圆视图。

(3) 圆锥表面上的点　如图 2-1-4 所示，已知圆锥上 M 点的正面投影 m'，求其另两个投影。由于圆锥面的投影没有积聚性，且 M 点不处在最外轮廓素线上，必须利用辅助线求点的投影。

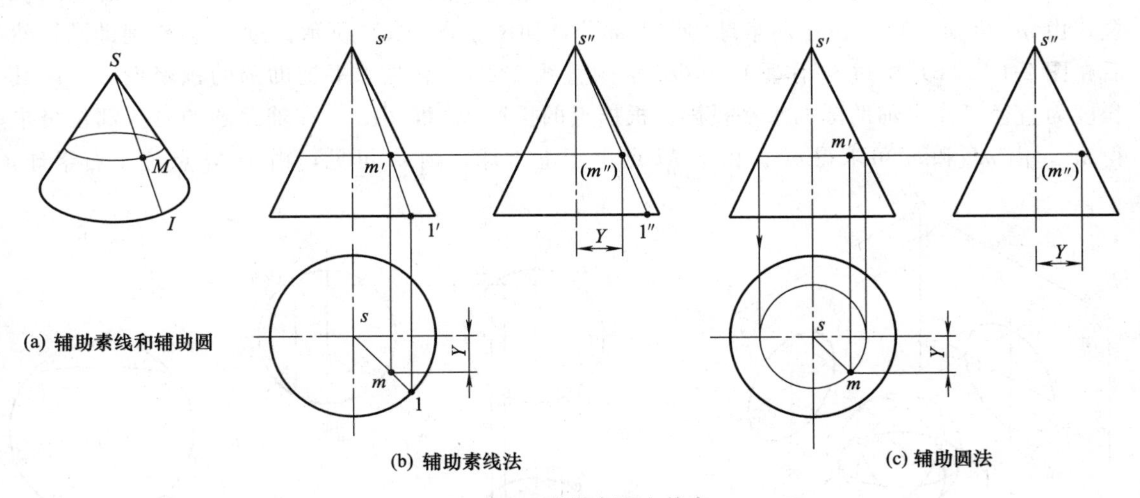

图 2-1-4　圆锥表面上的点

① 方法一：辅助素线法

如图 2-1-4 (a) 所示，过锥顶和 M 点所作辅助线 S Ⅰ 是圆锥面上的一条素线（直线）。作出该辅助素线的投影，即在图 2-1-4 (b) 中连接 $s'm'$ 并延长，与底面圆周交于 $1'$，再求出 $s1$ 和 $s''1''$。根据直线上点的作图方法，可在 $s1$ 和 $s''1''$ 上求得 m 和 m''。需注意，利用辅助素线法作的辅助线必须过锥顶。

由 m' 可知 M 点位于右半圆锥面上，则 m'' 不可见，但水平投影 m 可见。

② 方法二：辅助圆法

如图 2-1-4（a）所示，在圆锥面上作出过 M 点的水平辅助圆，然后在图 2-1-4（c）中过 m' 作垂直于轴线的直线，即辅助圆的正面投影。辅助圆的水平投影反映实形，该圆的半径可由其正面投影决定。根据点的投影规律，可在该圆上求得 m，由 m' 和 m 可求得 m''。

若所求点位于圆锥的最外轮廓素线（如最左、最右、最前、最后素线）上时，不必作辅助线，可直接在该素线或底面的投影上求点。

3. 圆球

圆球可以看成是以一圆作母线，绕其直径回转而成的。

（1）圆球的三视图　如图 2-1-5（a）所示，圆球的三个视图都是与圆球直径相等的圆，但它们分别是从三个方向投射时所得的投影，不是圆球面上同一圆的三个投影。正面投影的圆是球面上平行于 V 面的最大轮廓圆的投影，该圆为前后半球的分界圆，以它为界，前半球的正面投影可见，后半球的正面投影不可见；水平投影的圆是球面上平行于 H 面的最大轮廓圆的投影，该圆为上、下半球的分界圆；侧面投影的圆是球面上平行于 W 面的最大轮廓圆的投影，该圆为左、右两半球的分界圆。三个轮廓圆的另两面投影均与中心线重合，图中不应画出。

圆球的三视图如图 2-1-5（b）所示，画图时先画出各视图的中心线，然后以相同半径画圆即可。

（2）圆球表面取点　如图 2-1-5（b）所示，已知圆球上 M 点的正面投影 m'，求其另两投影。

由于圆球面的投影没有积聚性，且圆球面上也不存在直线，只能采用辅助圆法，即在圆球面上过 M 点作平行于投影面的辅助圆（水平圆、正平圆和侧平圆）。先分析 M 的空间位置。由 m' 可知，M 点位于前半球的右上部分，如图 2-1-5（c）所示。过 M 点作辅助圆，然后在图 2-1-5（b）中过 m' 作垂直于 OZ 轴的直线 $1'2'$，它是水平辅助圆的积聚投影，以其长度为直径可作出辅助圆的水平投影。根据点的投影规律，由 m' 在辅助圆的右前部位可求得 m，由 m' 和 m 可求得 m''。由于 M 点位于上半球，则 m 可见，由于 M 点位于右半球，

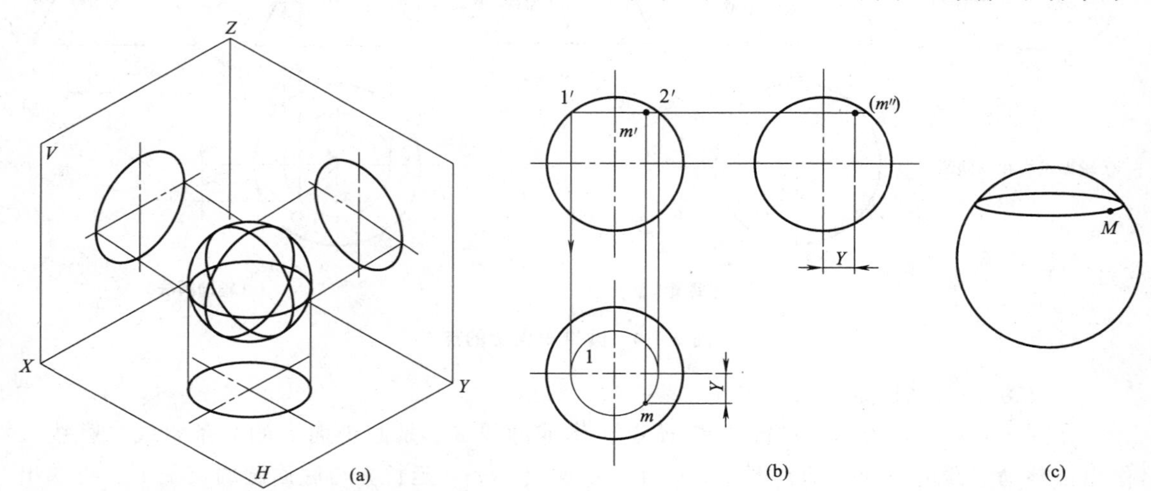

图 2-1-5　圆球的轴测图、三视图及表面取点

则 m'' 不可见。另外两种辅助圆的作图方法，读者可自行分析。

若所求点处在平行于任一投影面的最大轮廓圆上时，不必作辅助圆，可直接在该轮廓圆的投影上求点的投影。

4．常见的基本体的尺寸标注

物体的视图只表明其形状，它的真实大小还需要通过图中的尺寸来确定。标注物体尺寸除必须符合国家标准规定外，还应做到以下几点。

① 尺寸齐全，无遗漏。

② 注全构成基本体每个定形尺寸，由其他尺寸决定的尺寸，不应标注。

③ 由于三视图间存在着特定的尺寸关系，同一尺寸往往存在于两个不同视图上，应尽量将其标注在反映相应形状或位置特征的视图上，并尽量布置在两相关视图之间。此外，尺寸的排列要清晰。

平面立体一般应标注长、宽、高三个方向的定形尺寸，如图 2-1-6（a）所示；正方形的

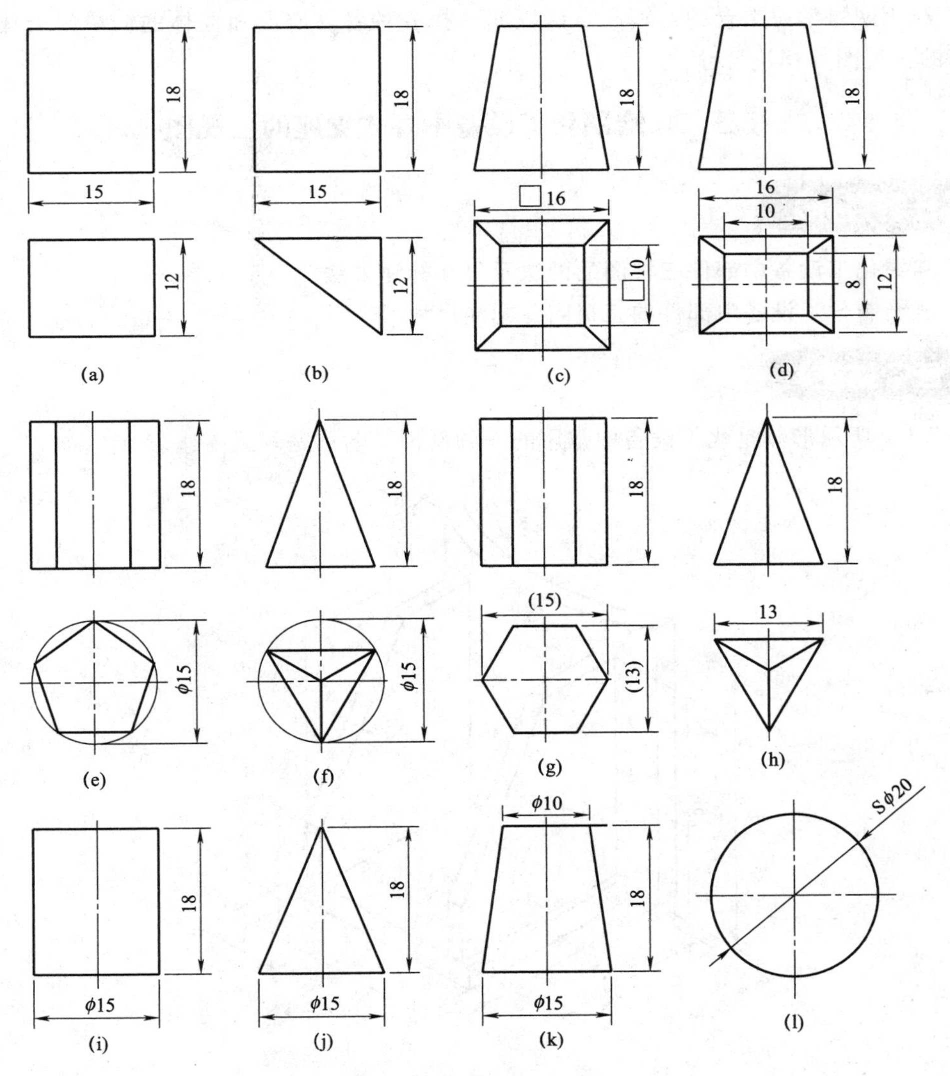

图 2-1-6　基本体尺寸标注

尺寸可采用“$a\times a$”或“$\square a$”的形式标注，如 2-1-6（c）所示；对正棱柱和正棱锥，除标注高度尺寸外，一般应注出其底面正多边形外接圆的直径，如 2-1-6（e）和（f）所示，也可根据需要注成其他形式，如图 2-1-6（g）和（h）所示。

圆柱和圆锥应注出底圆直径和高度尺寸，圆台还应加注顶圆直径。直径尺寸数字前加“ϕ”，一般注在非圆视图中，如图 2-1-6（i）、（j）和（k）所示。圆球的直径尺寸数字前加“$S\phi$”，如图 2-1-6（l）所示。

【技能训练】

训练要求：

① 完成图 2-1-1 中四种化工设备零件的三视图的绘制并标注尺寸。

注意：零件中必需的尺寸数值可在教材附录一中查阅。从各种零件的附表中查出一组数据，参照附录中的图例标注尺寸。

② 利用网络学习平台的习题库、试题库选择五种各含有曲面立体的简单组合体，绘制出它们的三视图并标注尺寸。

任务二　绘制化工设备中耳式支座的三视图

【任务目标】

① 掌握化工设备中部件三视图的画法及尺寸标注方法。

② 能绘制化工设备中部件的三视图并标注尺寸。

【任务描述】

图 2-1-7 所示形体是化工设备中常用的一种部件，名称是耳式支座。

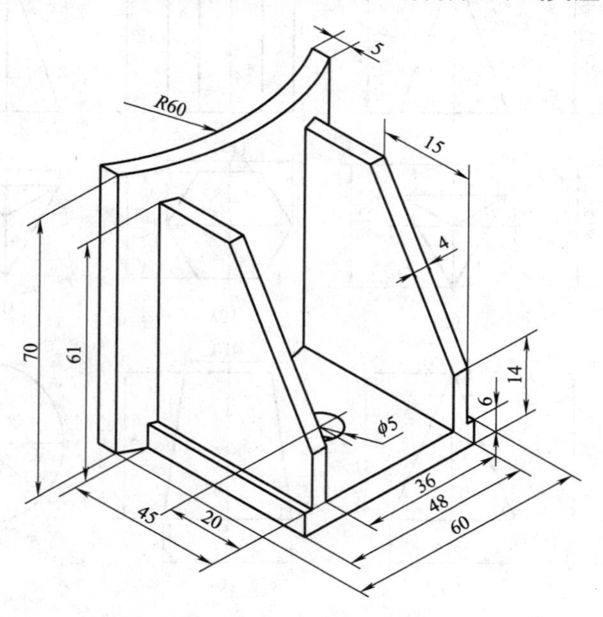

图 2-1-7　耳式支座的轴测图

用 A4 图纸，绘图比例 1∶1，绘制它的三视图并进行尺寸标注，绘制图框线、标题栏。

【知识链接】

上面描述的任务是通过已知组合体的轴测图绘制其三视图。因此要掌握绘制组合体三视图的方法及步骤，对组合体三视图进行尺寸标注的方法，从而进一步理解三视图之间的对应关系，以便在绘图和看图过程中熟练运用三视图的投影规律，养成良好的作图习惯。

一、组合体三视图的画法

绘制组合体的三视图有两种方法，一是形体分析法，一是线面分析法。

将组合体分解成若干个基本体或简单形体，并搞清楚它们之间组合关系及相对位置，然后根据分析的结果画出组合体三视图的方法，叫形体分析法。这种方法适用于叠加类和综合类的组合体。

分析切割类组合体没被切割前是什么基本体，怎样的空间平面在何处切割基本体，搞清切割后在基本体表面上形成的线、面等几何元素的特点及空间位置如何，然后根据分析结果绘制出切割类组合体的三视图，这个分析过程称为线面分析法。这种方法主要适合于切割类和综合类的组合体。

下面以图 2-1-8（a）所示轴承座为例进行讲解如何应用形体分析法和线面分析法绘制组合体的三视图。

其三视图及尺寸标注如图 2-1-8（b）所示。

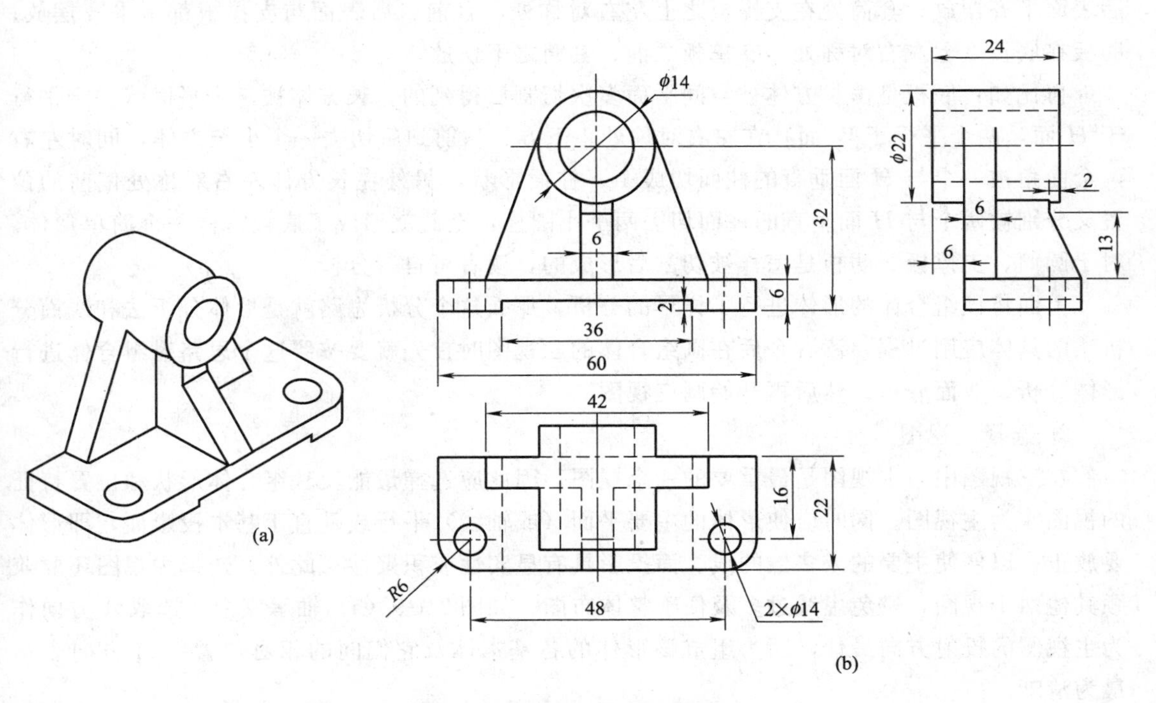

图 2-1-8　轴承座立体图和三视图

1. 形体分析

如图 2-1-9（a）所示轴承座，是综合类的组合体，它由底板、套筒、支撑板、肋板四部分组成，分解之后的形体如图 2-1-9（b）所示，其中每一部分又都是被挖切的基本体，四部

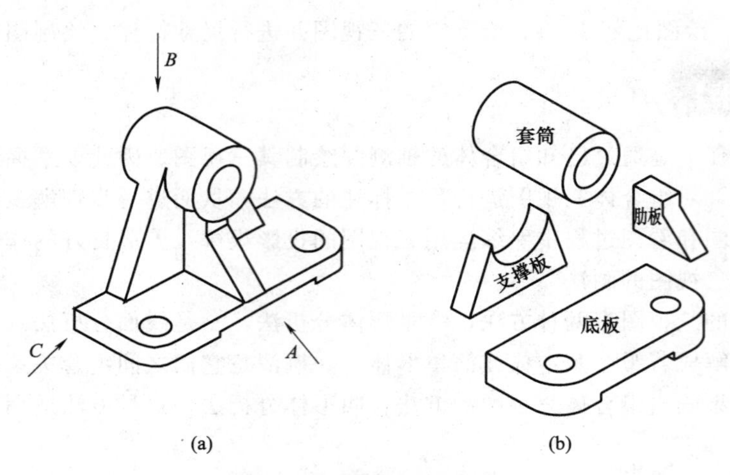

图 2-1-9 轴承座形体分析

分按照一定的相对位置叠加在一起，相邻形体之间出现了平齐、不平齐、相切和相交的表面连接关系。

比如：其中的底板和支撑板的后面是平齐的；肋板和底板的前面是不平齐的；支撑板两侧面与套筒表面是相切的；肋板和套筒表面是相交的等等。

分析各部分的相对位置。底板固定好之后，支撑板处在底板的上方左右对称处，且两者后表面平齐摆放；套筒处在支撑板之上左右对称处，且前、后表面与支撑板都不平齐摆放；肋板在底板之上左右对称处、支撑板之前、套筒之下摆放。

再比如：底板是由长方体被空间平面多次切割后得到的。长方体被三个平面（一个平行于 H 面，两个平行于 W 面）在左右对称处、下方、从前到后切去一个小长方体，同时左右两个前角被一个与 H 面垂直的柱面切成 1/4 柱面形状，另外在长方体左右对称处偏前的位置又分别被两个与 H 面垂直的柱面切去两个小圆柱，至此就形成了底板这样一个简单形体。对于圆筒、支撑板、肋板是怎样被切割后形成的，读者可自行分析。

上面将该组合体的形体进行了详尽的分析，那么这个分析思路就是形体分析法和线面分析法的具体应用过程，读者今后在画组合体的三视图时首先就要按照这个思路对组合体进行形体分析、线面分析，然后再开始画三视图。

2. 选择主视图

在三视图中，主视图是最重要的一个视图，因此应选择最能反映组合体形状和位置特征的视图作为主视图。同时应使形体的主要平面（或轴线）平行或垂直于基本投影面，即形体要放正，以便使主要的或多数的线、面投影具有显实性或积聚性。此外，选择主视图还要兼顾其他两个视图，避免虚线过多及便于整体布图。如图 2-1-9（a）轴承座中，选取 A 方向作为主视图的投射方向最佳，因为组成该形体的各基本体及它们间的相对位置在 A 方向表达最为清晰。

3. 确定比例、选定图幅

根据物体的大小和复杂程度，选择适当的比例和图幅。应注意所选图幅应比绘制视图所需的面积要大些，以便标注尺寸和画标题栏等。

4. 绘制底稿

布图、画基准线，按三视图的投影规律，逐个画出各部分的三视图，如图 2-1-10（a）～（e）所示。

画底稿时，应注意以下几点：

① 按“三等”规律，在形体分析的基础上逐个画出每个基本体的三视图；

② 画图时应先定位，再定形；先画大的、主要部分，再画小的、次要部分；

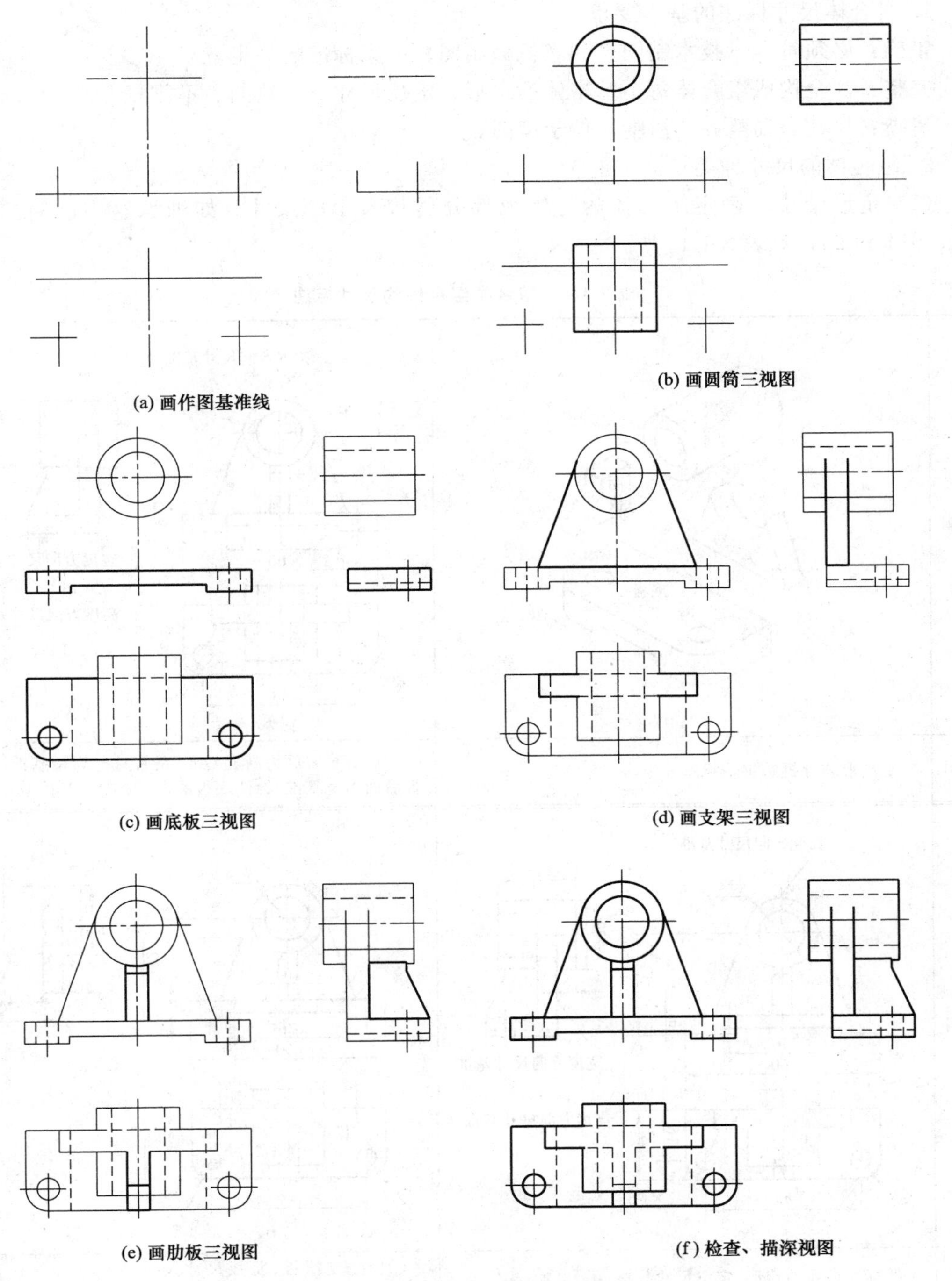

图 2-1-10　轴承座三视图的作图步骤

③ 特别注意相邻形体之间是相切的连接关系时的画法，做到不漏画和多画图线。

5. 检查描深

完成底稿后应仔细检查，修改错误并擦去多余的图线，再按规定的线型描深、描粗，如图 2-1-10（f）所示。最后完成的图形见图 2-1-8（b）所示。

二、组合体的尺寸标注

1. 组合体尺寸标注的基本要求

正确：必须符合《技术制图》和《机械制图》国家标准的规定。

完整：注全构成组合体每个基本体的定形、定位尺寸，不遗漏、不重复。

清晰：尺寸布局整齐、清晰，便于读图。

2. 组合体的尺寸种类

（1）定形尺寸　确定组合体的各组成部分形状大小的尺寸。如轴承座中圆筒的尺寸 $\phi22$、$\phi14$ 和 24，见表 2-1-1。

表 2-1-1　综合类组合体的尺寸标注

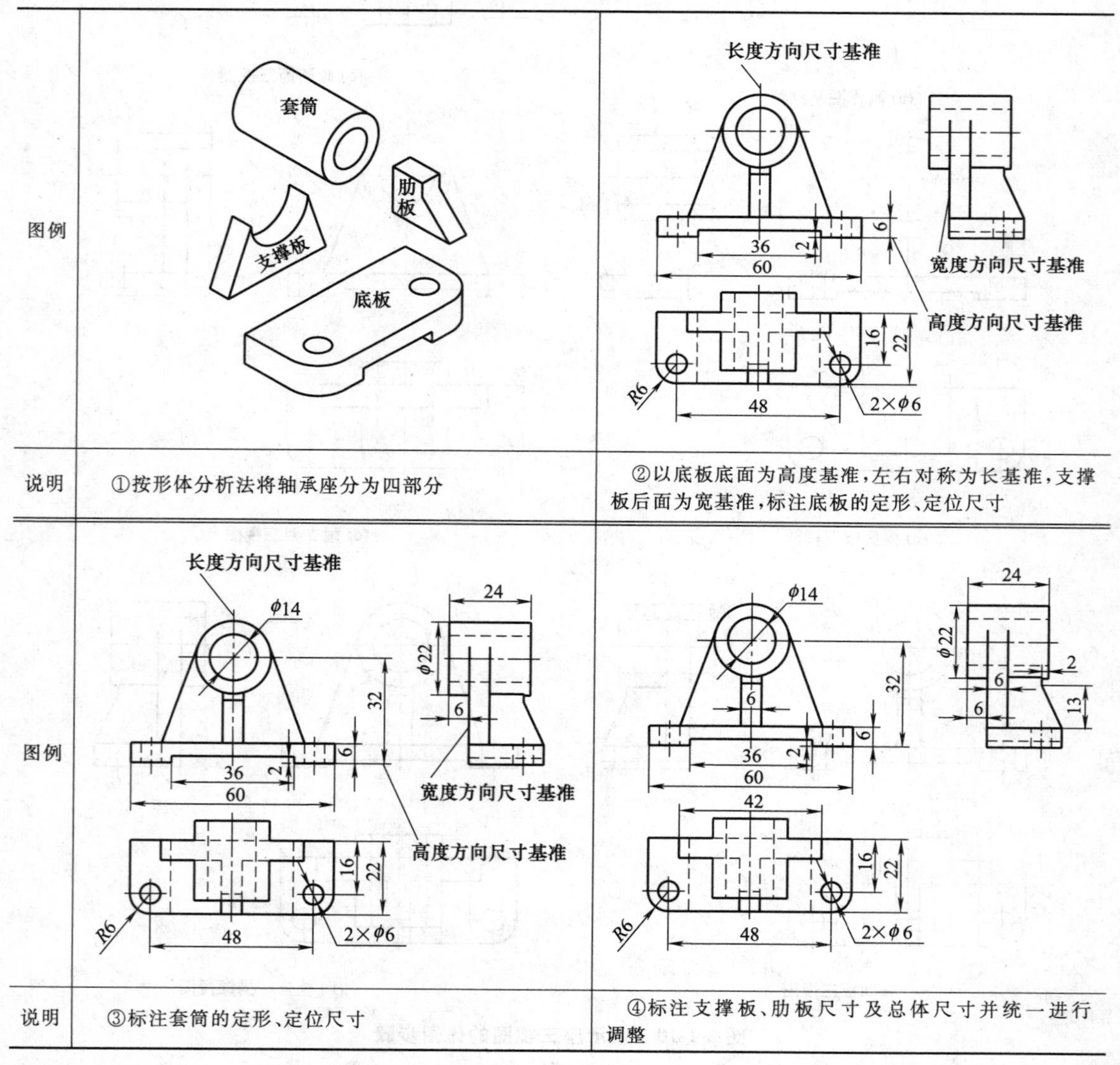

说明	①按形体分析法将轴承座分为四部分	②以底板底面为高度基准，左右对称为长基准，支撑板后面为宽基准，标注底板的定形、定位尺寸
说明	③标注套筒的定形、定位尺寸	④标注支撑板、肋板尺寸及总体尺寸并统一进行调整

（2）定位尺寸　确定组合体各组成部分之间相对位置的尺寸。如轴承座中圆筒的中心轴线的高 32，见表 2-1-1。

（3）总体尺寸　确定组合体外形总长、总宽、总高的尺寸。如轴承座的总长 60，见表 2-1-1。

3. 尺寸基准

标注尺寸的起点称为尺寸基准。组合体在长、宽、高三个方向都有相应的尺寸基准。图 2-1-11 所示的支座，长度方向的基准是底板右端面；宽度方向的基准是支座的前后对称面；高度方向的基准是底板的底面。

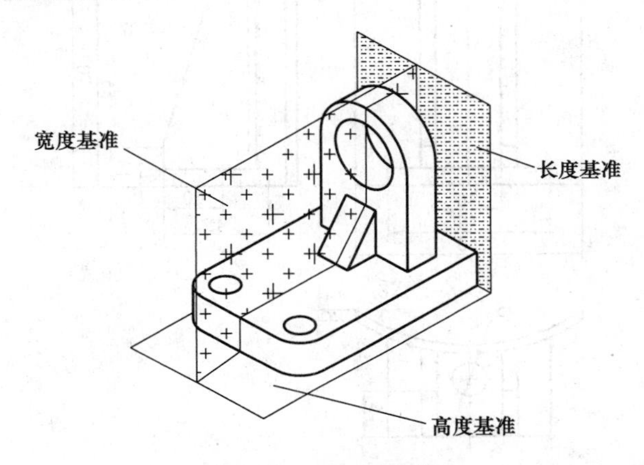

图 2-1-11　支座的基准

4. 标注组合体尺寸的方法和步骤

先选择尺寸基准，再利用形体分析法和线面分析法将组合体是由哪些基本体组成的或由哪种基本体被切割后得到的分析出来，然后逐个标出每个基本体的定形、定位尺寸，或切割面的定位尺寸，之后标出必要的总体尺寸，最后进行检查、改错、补漏及调整，直到最佳布局。表 2-1-1 示出了综合类的组合体——轴承座的尺寸标注方法和步骤。

【技能训练】

训练要求：

① 完成图 2-1-7 中耳式支座的三视图的绘制及尺寸标注。

② 查阅附录一，查找耳式支座 B4（公称直径在 1000～2000 之间，$H=250$，$l_2=290$）的一组尺寸，画出它的三视图，并标注尺寸。

③ 利用网络学习平台的习题库、试题库选择五种含有曲面立体的综合类组合体，绘制出它们的三视图并标注尺寸。

【任务二指导】

一、作图步骤

① 运用形体分析法和线面分析法分析组合体。弄清各部分的形状、组合关系、切割面形式及相对位置等。

② 确定主视图的投影方向。

③ 画三视图，先画底稿后检查描深。

④ 标注尺寸，填写标题栏。

二、注意事项

① 画图前图幅、绘图比例要选好。

② 一切按国家标准要求去做（图线、文字、字母、尺寸标注等）。

图 2-1-7 中耳式支座的三视图及尺寸标注，如图 2-1-12 所示。

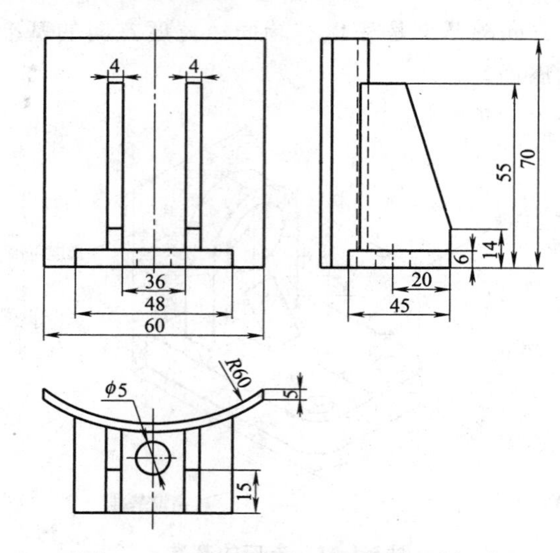

图 2-1-12 耳式支座三视图及尺寸标注

任务三 机件表达方法的综合应用

【任务目标】

① 掌握机件外部结构的表达方法——视图。

② 掌握机件内部结构的表达方法——剖视图。

③ 了解机件的其他图样画法——断面图、局部放大图和一些简化画法。

④ 了解零件图的定义、作用及内容。

⑤ 掌握阅读零件图的方法和步骤，能识读零件图。

【任务描述】

阅读如图 2-1-13 所示涡轮轴的零件图。

【知识链接】

图 2-1-13 所示图样为一幅零件图，要读懂它，仅有三视图的知识是不够的。为此国家标准规定了视图、剖视图、断面图以及其他各种表达方法。下面就来学习这些知识。

一、视图

视图用于表达机件外部结构形状，根据国家标准《技术制图 图样画法 视图》（GB/T 17451—1998）的规定，视图有基本视图、向视图、局部视图、斜视图和旋转视图。

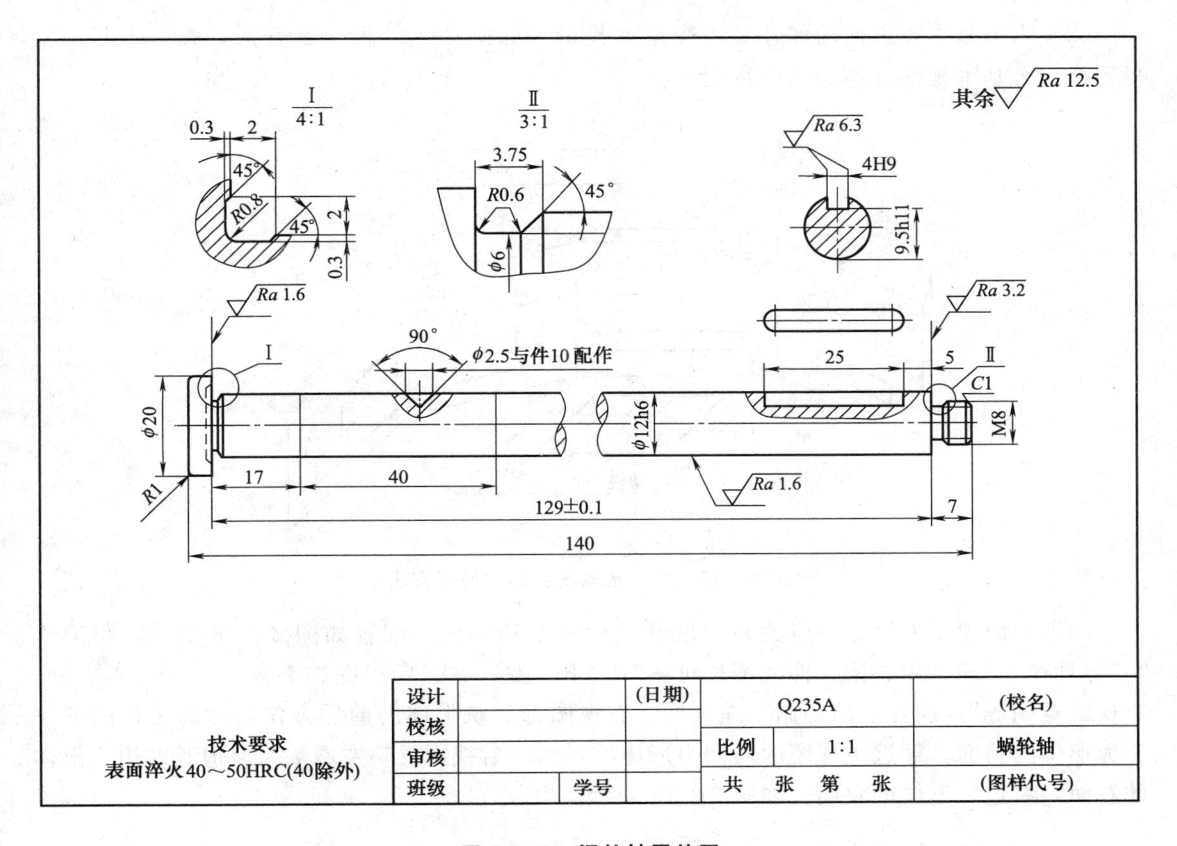

图 2-1-13　涡轮轴零件图

1. 基本视图

(1) 形成　机件向基本投影面投射所得到的视图称为基本视图。如图 2-1-14 (a) 所示为形成三视图的三个基本投影面 (V、H、W 面)。在原有三个投影面的基础之上各增加一个与之平行的的投影面，构成一个六面体，以这六面体的六个面作为基本投影面，将机件置于六面体中，分别向六个基本投影面投射，得到六个基本视图：除主视图、俯视图、左视图外，还有右视图（从右向左投射）、仰视图（从下向上投射）、后视图（从后向前投射），如图 2-1-14 (b) 所示。

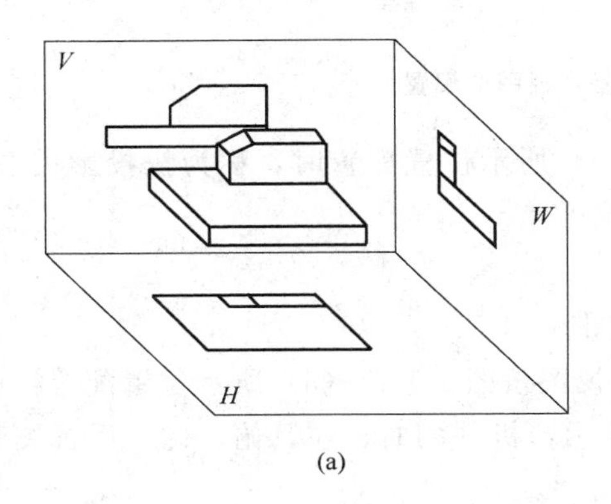

(a)

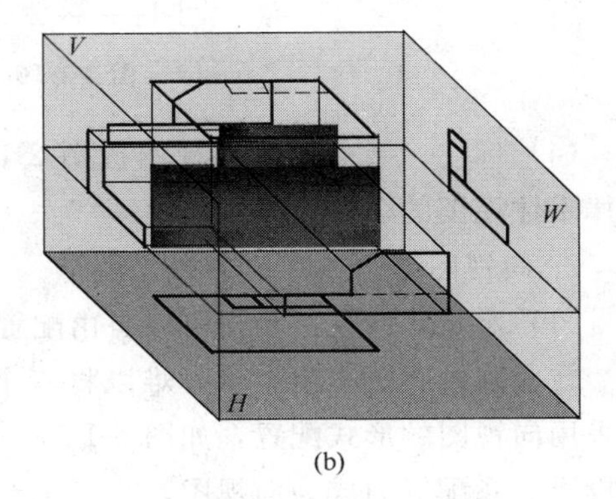

(b)

图 2-1-14　基本投影面

（2）六个基本投影面的展开　六个基本投影面如图 2-1-15 所示展开后，在一个平面上得到了六个基本视图，称为六面视图。

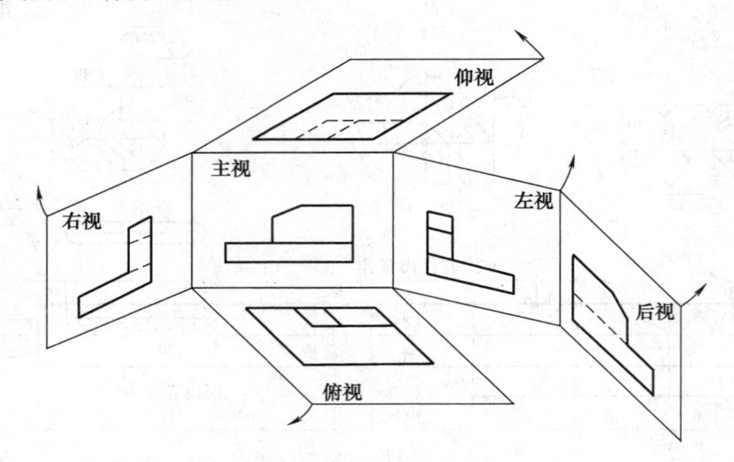

图 2-1-15　六个基本投影面的展开方法

（3）六面视图的投影对应关系　展开之后六个基本视图配置如图 2-1-16 所示，仍遵从“三等规律”，即“主、俯、仰视图长对正”，“主、左、右、后视图高平齐”，“俯、左、仰、右视图宽相等”，应注意的是俯、左、仰、右视图都反映形体的前后方位，远离主视图的一侧为形体的前面，靠近主视图的一侧为形体的后面，后视图反映左右关系，但其左边为形体的右面，右边为形体的左面。如图 2-1-16 所示。

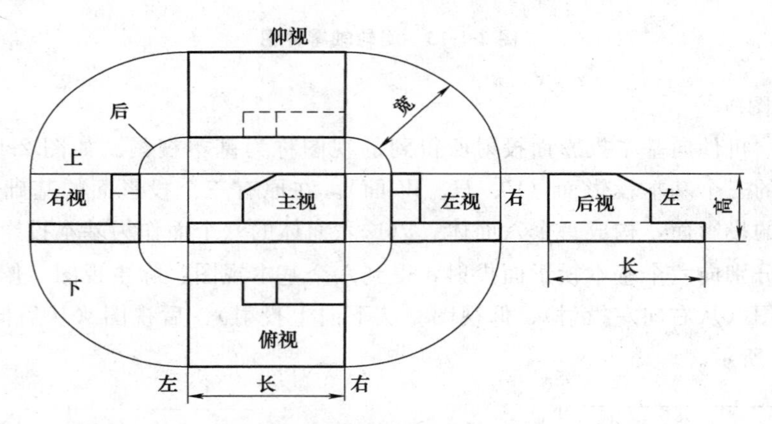

图 2-1-16　六个基本视图的配置

（4）标注　当六个基本视图按图 2-1-17（a）所示位置配置时，称为按投影关系配置，一律不注视图的名称。

2. 向视图

（1）定义　向视图是指可以自由配置的视图。

在实际绘图过程中，有时难以将六个基本视图按图 2-1-17（a）所示位置配置，此时可以采用向视图的形式配置，如图 2-1-17（b）所示，机件的右、左、俯、仰、后视图都没有按投影关系配置而成为向视图。

（2）标注　向视图必须标注。通常在向视图的上方标注字母，在相应视图附近用箭头指明投射方向，并标注相同的字母。

表示投射方向的箭头尽可能配置在主视图上，只是表示后视图投射方向的箭头无法在主视图上表示出来，所以才配置在其他视图上。

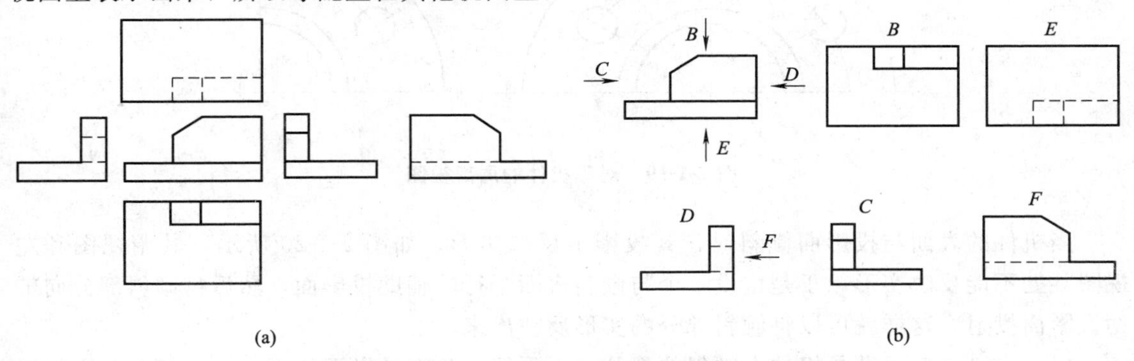

图 2-1-17　六个基本视图和向视图的配置

3. 局部视图

(1) 定义　局部视图是将物体的某一部分向基本投影面投射所得的视图。

如图 2-1-18 所示，主视图和俯视图没有把机件右侧凸台和左侧端盖的轮廓表达清楚，若为此画出左视图或右视图，则大部分表达内容是重复的，因此，可只将凸台和端盖的局部结构分别向基本投影面投射，即得到两个局部视图。

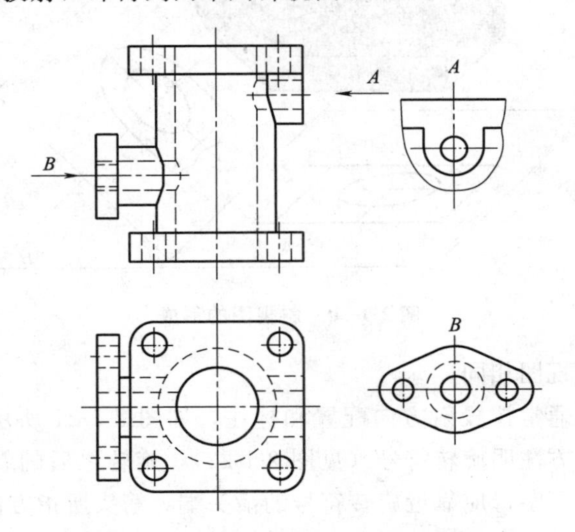

图 2-1-18　局部视图的画法与标注

(2) 画法　局部视图的范围用波浪线或双折线表示，如图 2-1-18 中 A 向局部视图。当表示的局部结构是完整的且外轮廓封闭时，波浪线可省略，而用粗实线来代替局部视图的轮廓线，如图 2-1-18 中 B 向局部视图。

(3) 标注　局部视图按基本视图配置，中间又没有其他视图隔开时可省略标注；局部视图按向视图位置配置时一定要标注。

为了节省绘图时间，对称机件的视图也可按局部视图来绘制，即只画一半或 1/4，并在对称线的两端各画出两条与其对称线垂直的平行细实线，如图 2-1-19 所示。

4. 斜视图

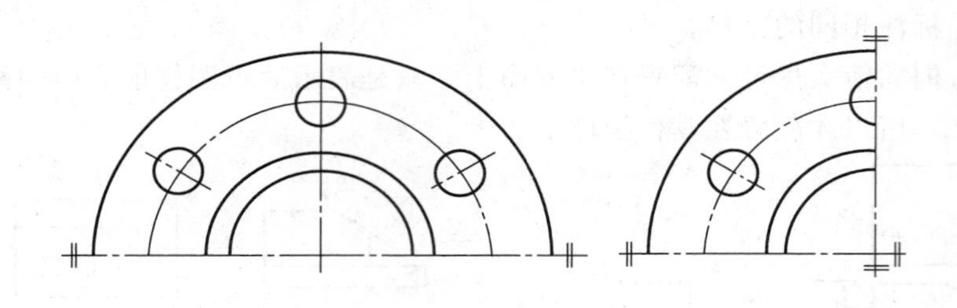

图 2-1-19 对称机件的局部视图

当机件的表面与投影面倾斜时，其投影不反映实形。如图 2-1-20 所示，其俯视图和左视图某处不能反映实形，于是增设一个与倾斜表面平行的辅助投影面，然后将倾斜部分向辅助投影面投射，这样就可以将倾斜部分的实形反映出来。

（1）定义 斜视图是机件上倾斜的部分向不平行于基本投影面的平面（一般与基本投影面垂直）投射所得的视图。

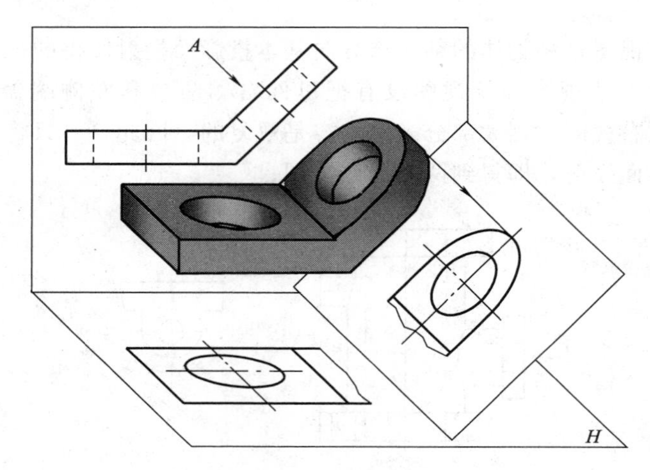

图 2-1-20 斜视图的形成

（2）画法 与局部视图相同。

（3）标注 斜视图通常按投射方向配置和标注，如图 2-1-21 所示；允许将斜视图旋转配置，但需在斜视图上方注明旋转符号（见图 2-1-22），旋转之后的斜视图如图 2-1-21 中所示，表示视图名称的大写字母应靠近旋转符号的箭头端，箭头所指方向应与旋转方向一致。

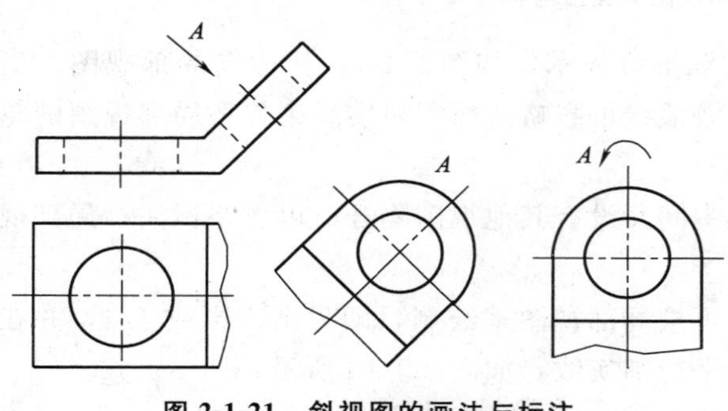

图 2-1-21 斜视图的画法与标注

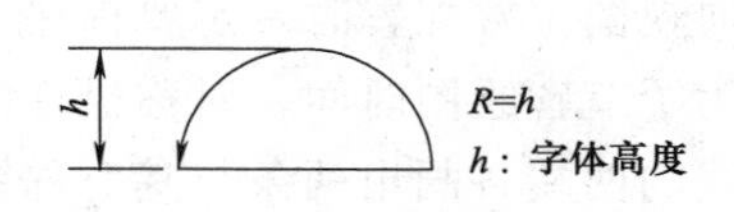

图 2-1-22 旋转符号

5. 旋转视图

（1）定义　假想将具有回转轴机件的倾斜部分旋转到与某一选定的基本投影面平行位置后，再向该基本投影面投影所得到的视图。

（2）画法　如图 2-1-23 所示，机件上的光孔已经在主视图中表达清楚，而主视图未将均布的四个沉孔表达清楚，即可假想将其中一个沉孔绕机件回转轴线旋转到与侧平面平行的位置，再投影得到的主视图，即为旋转视图。

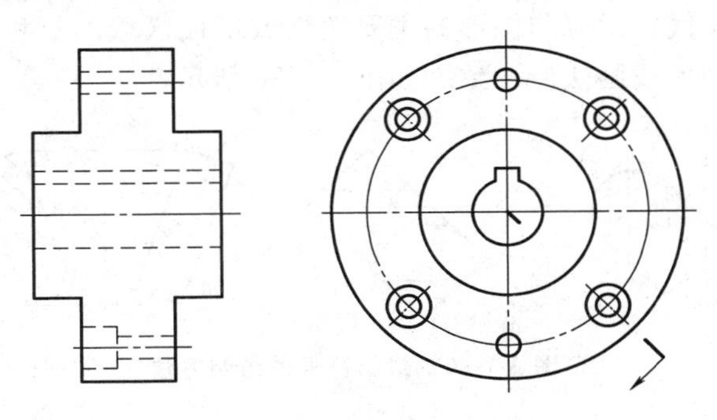

图 2-1-23　旋转视图

（3）标注　旋转视图不需标注（图 2-1-23 中的标注是说明沉孔的旋转方向）。

二、剖视图

当机件的内部形状较复杂时，视图上将出现许多虚线，不便于看图和标注尺寸。解决的办法是采用剖视图。

1. 剖视图的形成

假想用一剖切面将机件剖开，移去剖切面和观察者之间的部分，将其余部分向基本投影面投射，所得到的图形，称为剖视图，简称剖视。假想用剖切面切开物体时，剖切面与物体接触部分，称为剖面区域，在剖面区域内要画上剖面符号。如图 2-1-24 所示。

2. 剖视图的画图步骤

① 确定剖切面的位置，标注剖切位置。

② 假想移走了哪部分，剖面区域的形状如何。

③ 剖切后，哪些部分投射时由原来不可见的轮廓线变为可见轮廓线，在视图中要将它们由虚线改画为粗实线。

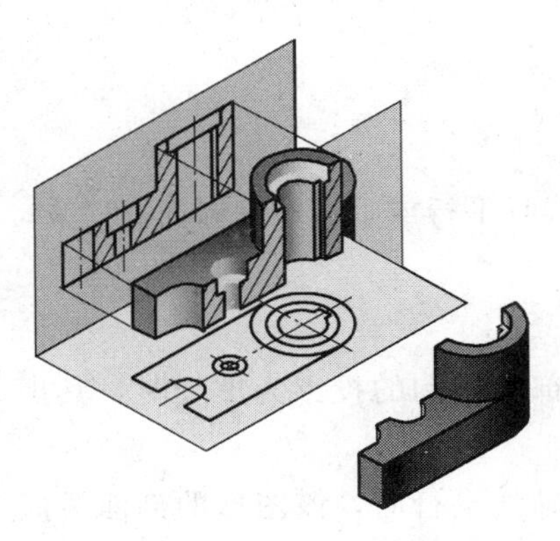

图 2-1-24　机件的剖视图表达

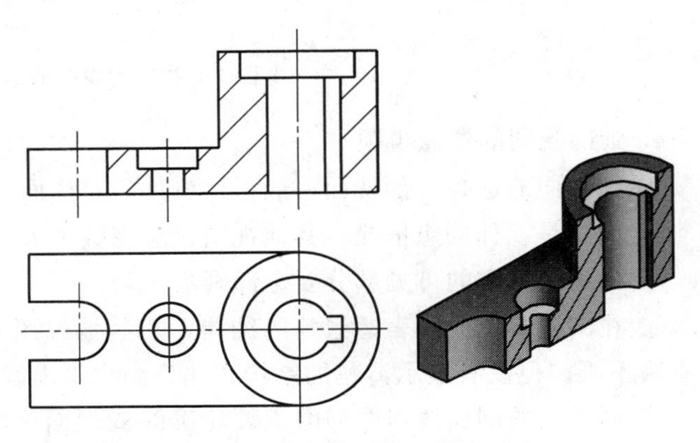

图 2-1-25　机件剖视图的绘制方法

④ 在剖面区域内画上剖面符号。如图 2-1-25 所示。

3. 剖视图的标注

(1) 剖切符号　指示剖切面的位置。在相应的视图上，用剖切符号（粗短线，长度约为 $6d$，d 为粗实线宽度）表示剖切面起始、终止和转折位置，用垂直于粗短线且在其终端打上箭头的细实线表示投射方向。

(2) 剖面符号　不需在剖面区域中表示材料的类别时，剖面符号可采用通用剖面线表示。通用剖面线为细实线，最好与图形的主要轮廓或剖面区域的对称线成 45°角；同一物体的各个剖面区域，其剖面线画法应一致。如图 2-1-26 所示。

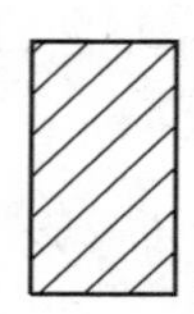
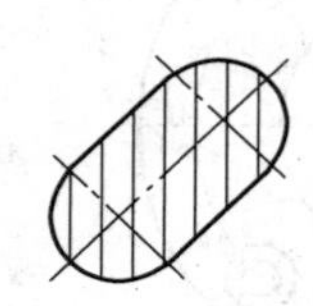
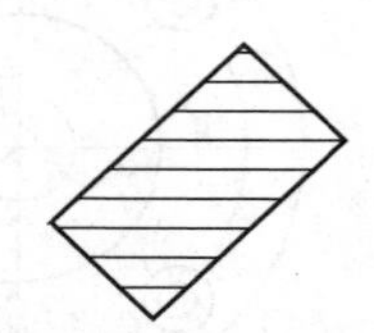
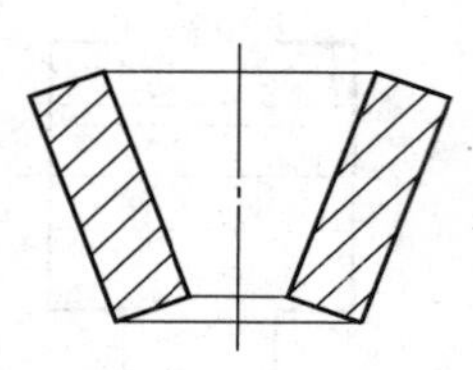
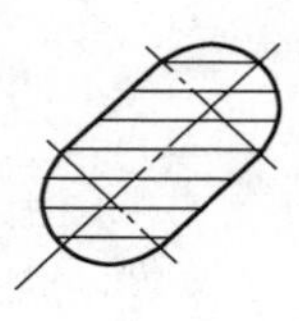

图 2-1-26　剖面符号的绘制方法

(3) 剖视图的名称　在剖视图的上方用大写英文字母标注图名"×—×"，并在剖切符号的一侧注上相同的字母。如图 2-1-27 所示。

下列情况可省略标注：

① 剖视图按基本视图关系配置时，可省略箭头。

② 当单一剖切面通过机件的对称（或基本对称）平面，且剖视图按基本视图关系配置时，可不标注。

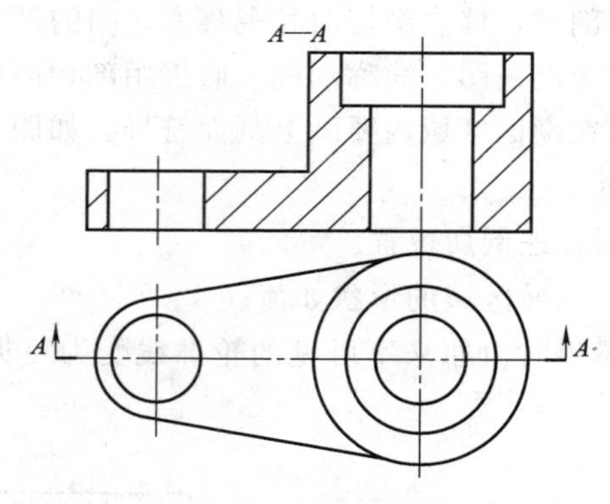

图 2-1-27　剖视图的标注

4. 画剖视图的注意事项

① 剖切面的选择：剖切面一般通过机件的对称面或轴线且平行或垂直于投影面。

② 剖切是一种假想情况，其他视图仍应完整画出。

③ 剖切面后方的可见部分要全部画出。

④ 在剖视图上已经表达清楚的结构，在其他视图上此部分结构的投影为虚线时，其虚线省略不画。但没有表示清楚的结构，允许画少量虚线。

⑤ 当画出的剖面线与图形的主要轮廓线或剖面区域的轴线平行时，该图形的剖面线应画成与水平成 30°或 60°角，但其倾斜方向应与其他图形的剖面线一致。

5．剖视的种类及适用条件

根据剖开机件的范围，可将剖视图分为全剖视图、半剖视图和局部剖视图。国家标准规定，剖切面可以是平面也可以是曲面、可以是单一剖切面也可以是组合的剖切面。绘图时，应根据机件的结构特点，恰当地选择合适的剖切面绘制机件的全剖视图、半剖视图和局部剖视图。

（1）全剖视图　用剖切面完全地剖开机件所得的剖视图，称为全剖视图，简称全剖视。全剖视主要用于表达外形简单、内形复杂而又不对称的机件。剖视图的标注规则如前所述。

① 用单一剖切面获得的全剖视图　单一剖切面一般是单一剖切平面或柱面。单一剖切平面又分为平行于基本投影面和不平行于基本投影面两种情况的剖切面。如图 2-1-28 所示，*B*—*B* 即属于平行于基本投影面的单一剖切平面；*A*—*A* 为不平行于任何基本投影面（但垂直于 *V* 面）的剖切平面，此种剖切方法一般用于当机件具有倾斜部分，同时这部分内形和外形都需表达时，这种剖切方法的标注可按斜视图的配置方式进行，故有时将其称为斜剖。如果用单一柱面剖切机件，绘制及标注方法如图 2-1-29 所示。

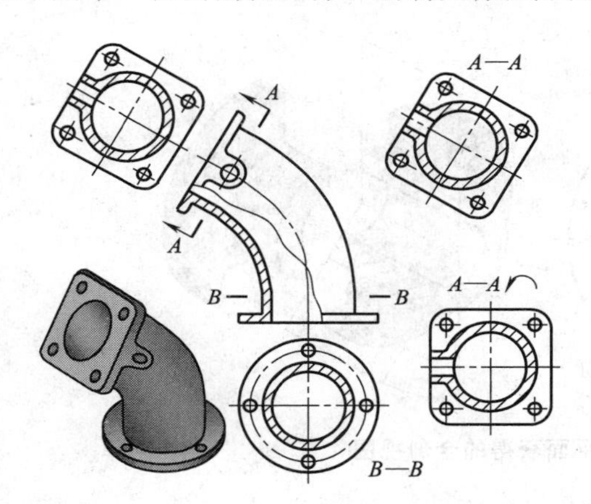

图 2-1-28　用单一平面剖切获得的全剖视图

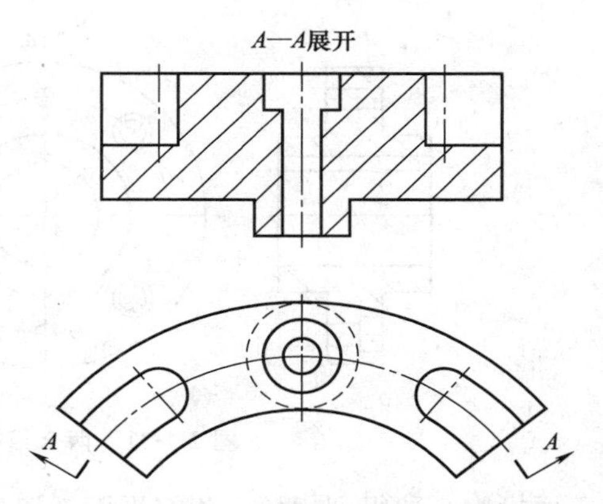

图 2-1-29　用单一柱面剖切获得的全剖视图

② 一组相互平行的剖切平面获得的全剖视图　当机件上的孔槽及空腔等内部结构不在同一平面上而又需要表达内部结构时，可采用几个平行的剖切平面剖开物体，这种剖切方法又称阶梯剖。几个平行的剖切平面可能是两个或两个以上，各剖切平面的转折处必须是直角。如图 2-1-30 所示。

标注方法：在剖视图的上方，用大写英文字母标注图名“×—×”，在剖切平面的起始、终止和转折处画出剖切符号，并注上相同的字母。若剖视图按投影关系配置，中间又没有其他图形隔开时，允许省略箭头。

③ 两相交的剖切平面获得的全剖视图　当机件的内部结构（孔、槽）形状用一个剖切平面剖切不能表达完全，且机件又具有回转轴时，同时机件上的孔（槽）等结构不在同一平面上、但沿物体的某一回转轴线分布时，可采用两个相交于回转轴线的剖切面剖切物体而得到的全剖视图。通常称这种全剖视图为旋转剖视图，简称旋转剖。

将剖切面剖开的结构及有关部分，旋转到与选定的基本投影面平行的位置后，再进行投射，两个相交平面的交线，必须垂直于某一基本投影面。如图 2-1-31 所示，用相交的且平行于 *V* 面和垂直于 *W* 面的两平面将机件剖切，并将倾斜部分绕轴线旋转到与 *V* 面平行后再

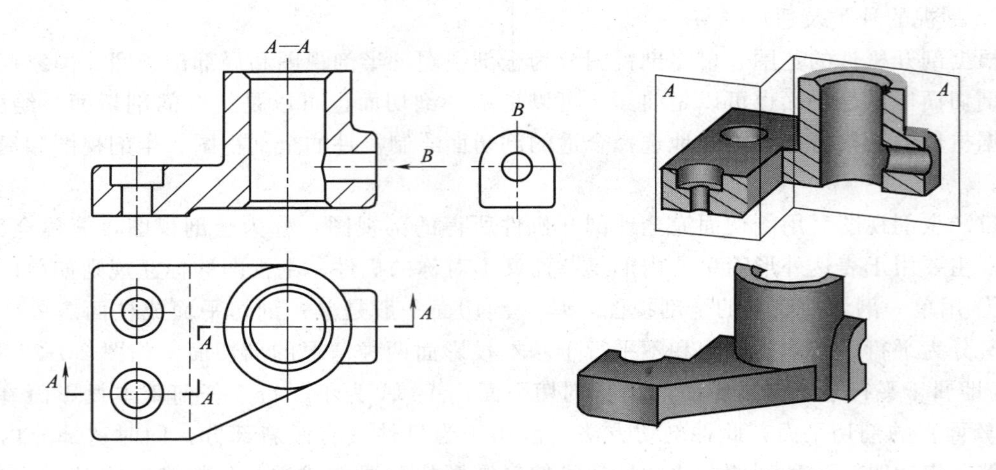

图 2-1-30 用两个平行的剖切平面剖切获得的全剖视图

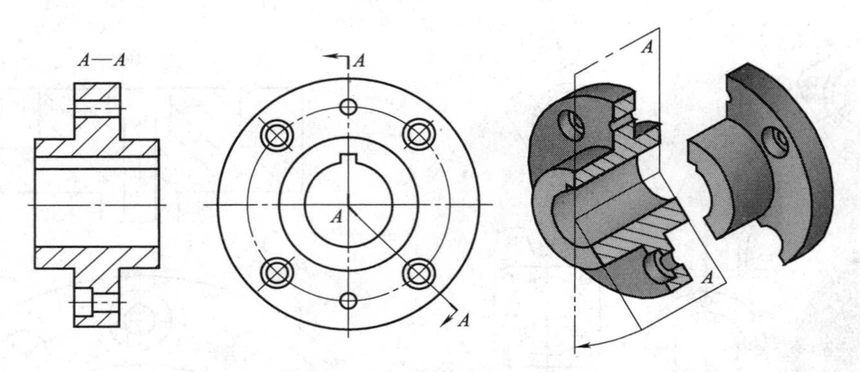

图 2-1-31 两个相交剖切平面获得的全剖视图

向正面投影，即得到用两个相交平面剖切的全剖的主视图。

标注方法：与阶梯剖相同。

注意：阶梯剖和旋转剖必须标注。

（2）半剖视图 当机件具有垂直于投影面的对称面时，在该投影面上所得到的图形，可以对称线为界，一半画成视图，一半画成剖视图，这种组合的图形称为半剖视图，简称半剖视，如图 2-1-32 所示。半剖视图主要用于内、外形都需要表达的对称机件或基本对称机件。

画半剖视时应注意：

① 视图部分和剖视部分必须以细点画线为界，一半画成视图，一半画成剖视图。

在半剖视图中，剖视部分的位置通常可按以下原则配置：

a. 在主视图中，位于对称线的右侧；

b. 在俯视图中，位于对称线的下方；

c. 在左视图中，位于对称线的右侧。

② 由于物体的内部形状已在半个剖视图中表达清楚，所以在半个视图中的细虚线省略，但对孔、槽等需用细点画线表示其中心位置。

③ 半剖视图的标注方法与全剖视图相同。但要注意，剖切符号应画在图形轮廓线以外，如图 2-1-32 主视图中的“*B*— —*B*”、俯视图中的“*A*— —*A*”的标注。

④ 在半剖视中标注对称结构尺寸时，由于结构形状未能完全显示，则尺寸线应略超过对称线，并只在另一端画出箭头，如图 2-1-33 俯视图所示。

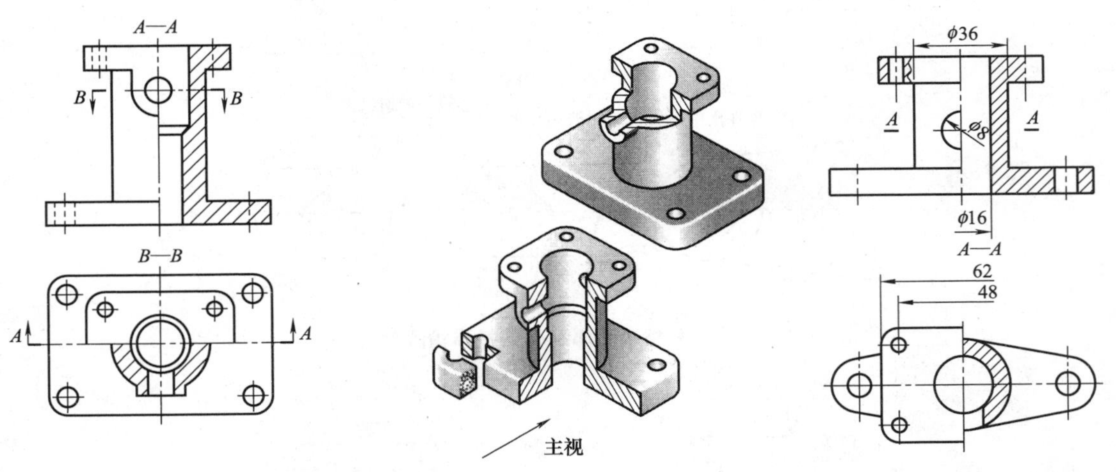

图 2-1-32　半剖视图

图 2-1-33　半剖视的标注

（3）局部剖视图　用剖切平面局部地剖开机件所得的剖视图，称为局部剖视图，简称局部剖。当机件只有局部内形需要表示，而又不宜采用全剖时，可采用局部剖表达。如图 2-1-34所示。

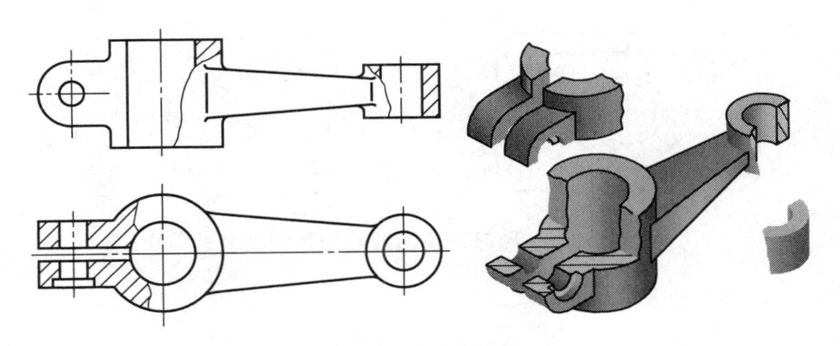

图 2-1-34　局部剖视图

画局部剖时应注意：

① 当被剖结构为回转体时，允许将该结构的中心线作为局部剖与视图的分界线。当对称物体的内部（或外部）轮廓线与对称线重合而不宜采用半剖视时，可采用局部剖视，如图 2-1-35 所示。

② 局部剖视图的视图部分与剖视图部分以波浪线或双折线分界。如图 2-1-36 所示。

③ 局部剖视图一般不标注。

三、断面图

1. 断面图的概念

假想用剖切面将机件的某处切断，只画出该剖切面与机件接触部分（剖面区域）的图形，称为断面图。

要想在机件上出现断面，实际上就是使剖切平面垂直于机件结构要素的中心线（轴线或主要轮廓线）进行剖切，然后画出此断面的图样，再将断面图形旋转 90°，使其与纸面重合

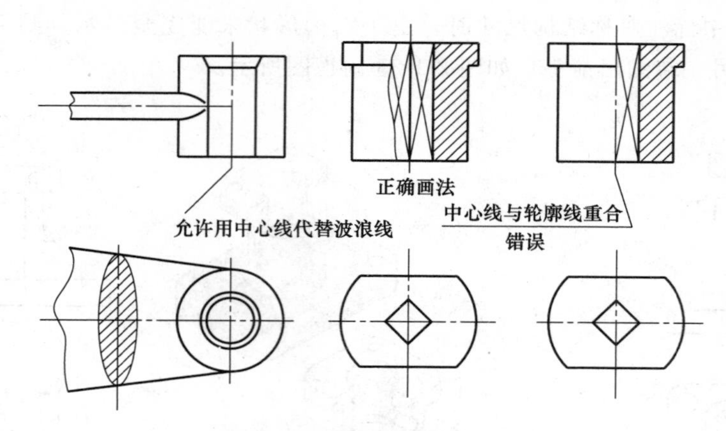

图 2-1-35 局部剖视的特殊情况

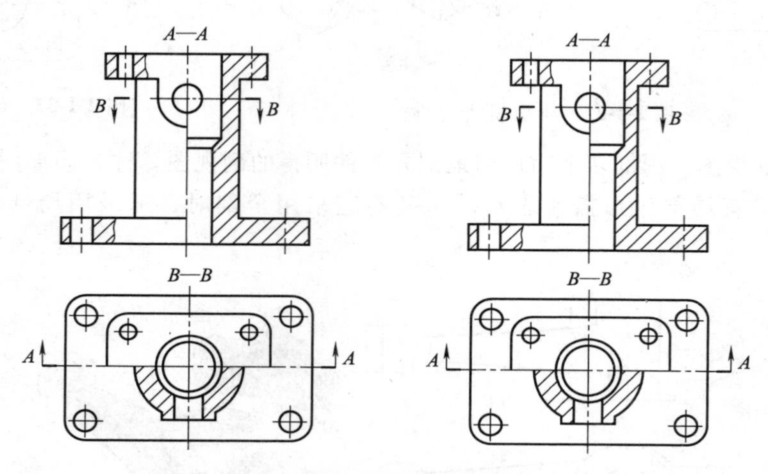

图 2-1-36 局部剖视图断裂处线型的表达

就得到了断面图。如图 2-1-37 所示。

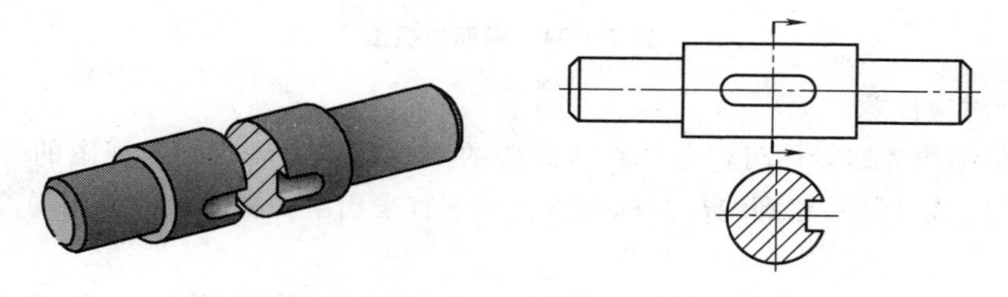

图 2-1-37 断面图的概念

断面图与剖视图的区别在于：断面图仅画出横断面的形状，而剖视图除画出横截面的形状外，还要画出剖切面后面机件的完整投影。

2. 断面图的种类

(1) 移出断面图 画在视图之外的断面图称为移出断面图，简称移出断面。其轮廓线用粗实线绘制。配置在剖切线的延长线上或其他适当的位置。如图 2-1-38 所示为移出断面图的配置。

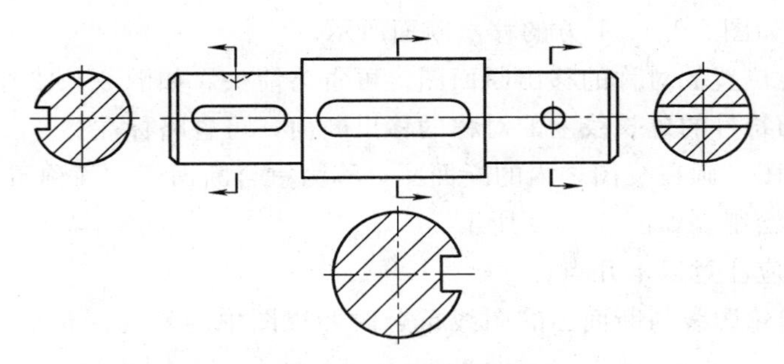

图 2-1-38　移出断面图的配置

画移出断面图应注意以下几点：

① 剖切平面通过回转面形成的孔或凹坑的轴线时应按剖视绘制。如图 2-1-39 所示。

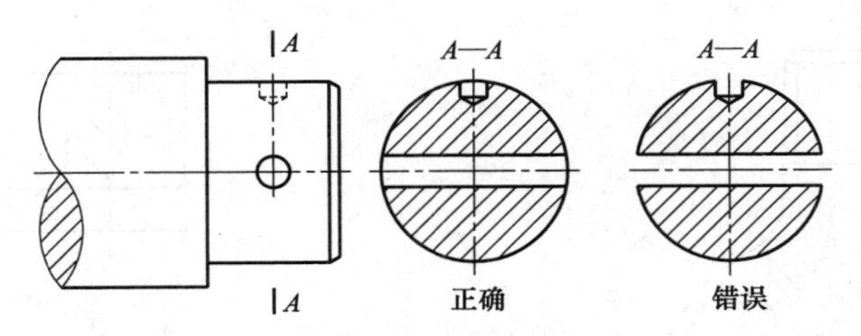

图 2-1-39　移出断面图按剖视绘制（一）

② 当剖切平面通过非圆孔，会导致完全分离的两个断面时，这些结构也应按剖视画。如图 2-1-40 所示。

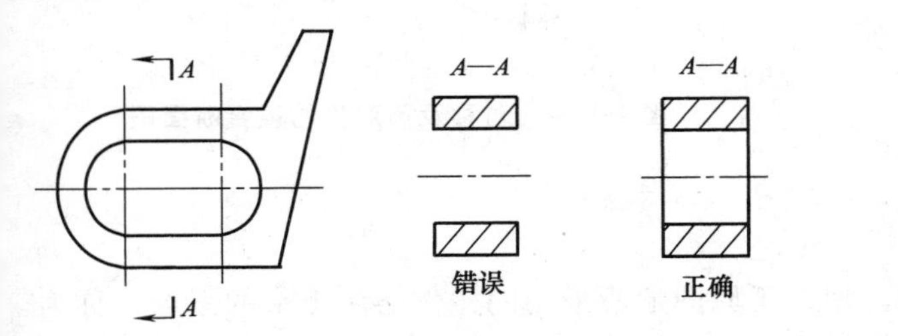

图 2-1-40　移出断面图按剖视绘制（二）

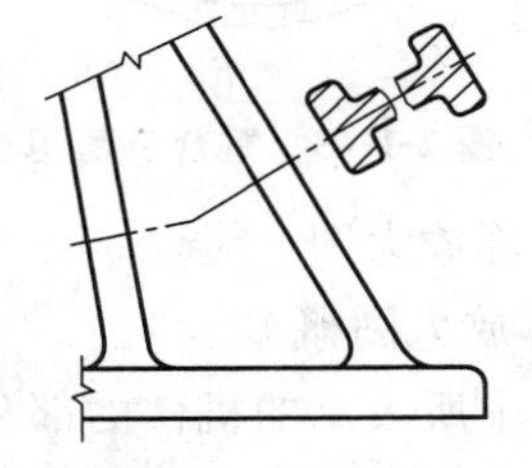

图 2-1-41　两个相交平面切得的断面图

③ 用两个相交的剖切平面剖切得出的移出断面，中间一般应断开。有时为了得到完整的断面图，也允许中间不断开。如图 2-1-41 所示。

④ 配置在剖切符号延长线上的不对称的移出断面，或按投影关系配置的对称的移出断

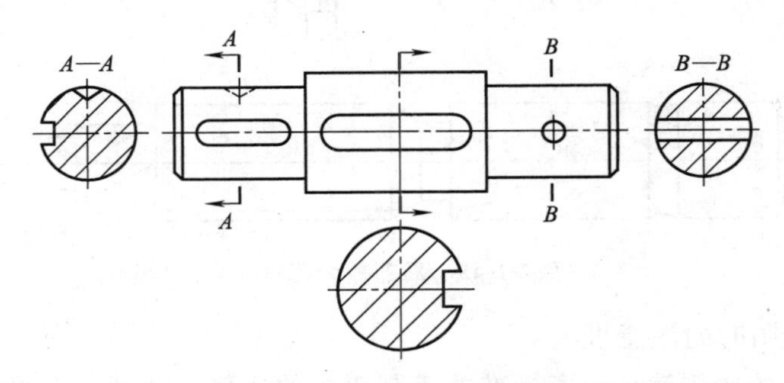

图 2-1-42　移出断面的标注

面，可省略字母。如图 2-1-42 下方的移出断面所示。

⑤ 配置在其他位置的对称的移出断面图，可省略箭头。如图 2-1-42 中 B—B 所示。

⑥ 配置在剖切符号的延长线上的对称的移出断面，可省略标注。

（2）重合断面图　画在视图之内的断面图，称为重合断面图，简称重合断面。重合断面的轮廓线用细实线绘制。如图 2-1-43 所示。

画重合断面图应注意以下几点：

① 当视图中的轮廓线与断面图的图线重合时，视图中的轮廓线仍应连续画出。如图 2-1-43 所示。

② 配置在剖切符号位置上的不对称的重合断面图，可省略字母。见图 2-1-44（a）所示。

③ 对称的重合断面可不标注，如图 2-1-44（b）所示。

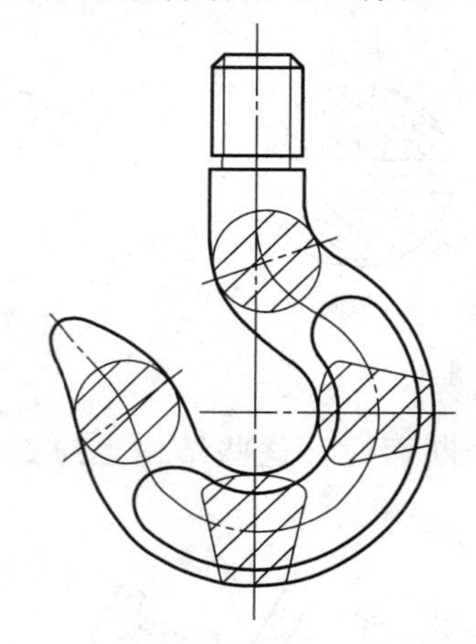

图 2-1-43　重合断面图

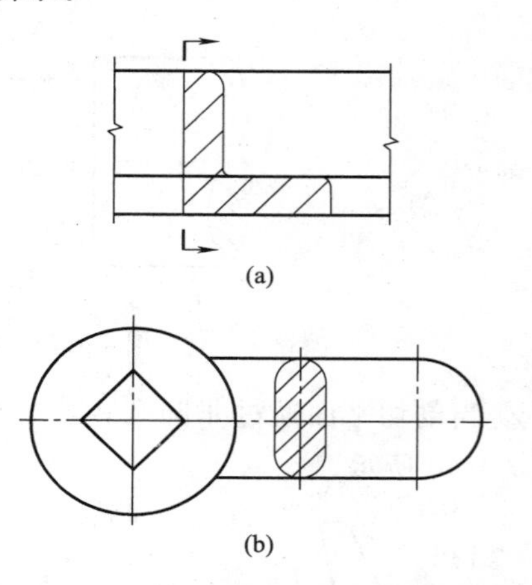

图 2-1-44　对称及不对称的重合断面图

四、局部放大图

1. 局部放大图概念

将图样中所表示的机件的部分结构，用大于原图形所采用的比例绘制出来的图形，称为局部放大图。当机件上部分结构的图形过小，图样表达不清楚，或不便标注尺寸时，可以采用局部放大图画出。如图 2-1-45 所示。

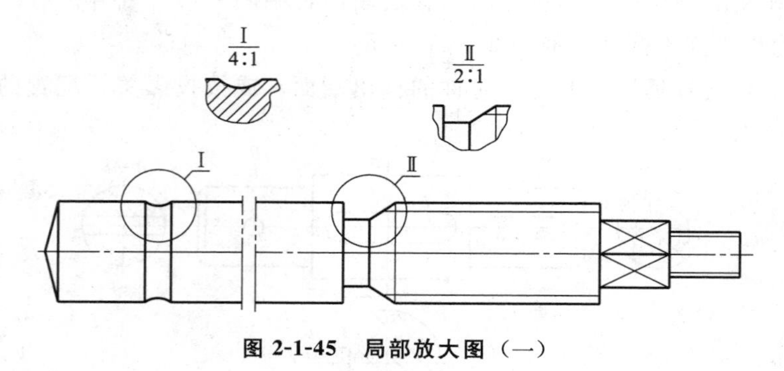

图 2-1-45　局部放大图（一）

2. 画局部放大图时的注意事项

① 局部放大图的比例就是国家标准关于制图中的比例，即图中图形与其实物相应要素

的线性尺寸之比，而与原图所采用的比例无关。

② 局部放大图可以画成视图、剖视和断面图，它与被放大部分的表示方法无关。如图 2-1-45 中Ⅰ处局部放大图画成局部剖的形式，而Ⅱ处局部放大图画成局部视图的形式。

③ 同一机件上不同部位的局部放大图，其图形相同或对称时，只需画出一个即可。如图 2-1-46 所示。

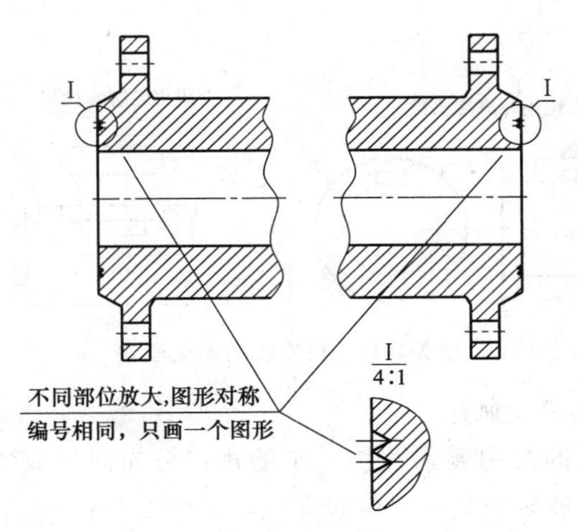

图 2-1-46　局部放大图（二）

3. 局部放大图的标注

用细实线圈出被放大的部位，并尽量将局部放大图配置在被放大部位附近。

① 当同一机件上有几处被放大的部位时，应用罗马数字依次标明被放大部位，并在局部放大图的上方，画一细实线段，线段上方注明相应的罗马数字，下方注明所采用的比例，如图 2-1-45 所示，其中的字母和数字都要按国标要求书写。

② 当机件上有一处被放大时，在局部放大图的上方只需注明所采用的比例即可。

五、简化画法

简化画法是包括规定画法、省略画法、示意画法等在内的图示方法。国家标准《技术制图》和《机械制图》规定了一系列的简化画法，下面节选一部分供后面学习化工设备图使用。

1. 机件上小平面的画法

当回转体机件上的平面在图形中不能充分表达时，可用相交的两条细实线表示。如图 2-1-47 所示。

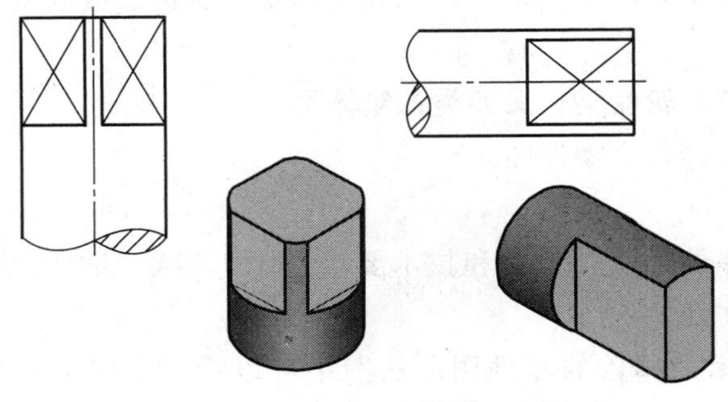

图 2-1-47　机件上小平面的简化画法

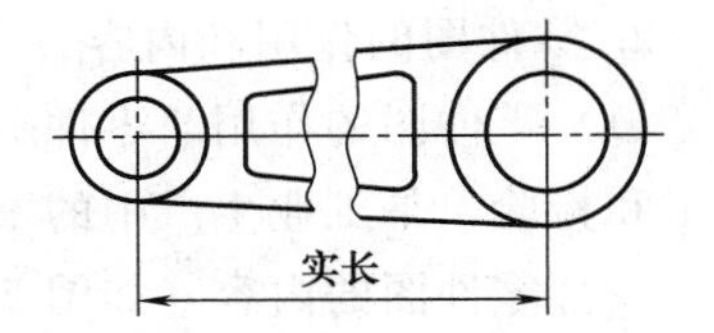

图 2-1-48　断开画法

2. 断开画法

轴、杆类较长的机件，当沿长度或高度方向的形状相同或按一定规律变化时，允许断开画出。如图 2-1-48 所示。但注意标注时要标注全长或总高。

3. 相贯线的简化画法

圆柱体上因钻小孔、开键槽等出现的相贯线允许省略，但必须有其他视图清楚地表示了孔、槽的形状。如图 2-1-49 所示。

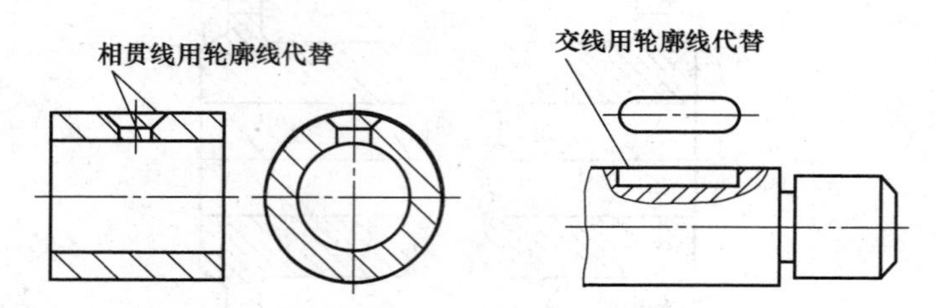

图 2-1-49 相贯线的简化画法

4. 呈规律分布的孔的简化画法

当机件上有若干相同的结构要素并按一定的规律分布时，只需画出几个完整的结构要素，其余的用细实线连接或画出其中心位置即可，如图 2-1-50 所示。

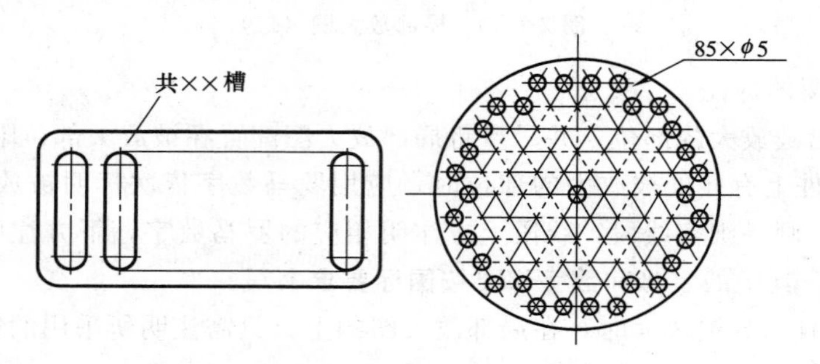

图 2-1-50 呈规律分布的孔的简化画法

六、零件图

表示机器、设备以及它们的组成部分的形状、大小和结构的图样称为机械图样，机械图样包括零件图和装配图。

1. 零件图的定义

任何机器、设备都是由许多零、部件组合而成。

零件就是具有一定的形状、大小和质量，由一定材料、按预定的要求制造而成的基本单元实体。

零件概括起来可分为四大类：轴套类；轮盘类；叉架类；箱体类。

表示零件结构、大小和技术要求的图样称为零件图。

2. 零件图的作用和内容

(1) 零件图的作用　零件图表达零件的形状、大小和技术要求，用于指导零件的制造、加工和检验，是工业生产中的重要技术文件。

(2) 零件图的内容　如图 2-1-51 所示为阀盖的零件图，从图中可以看出一张完整的零件图应包含以下内容。

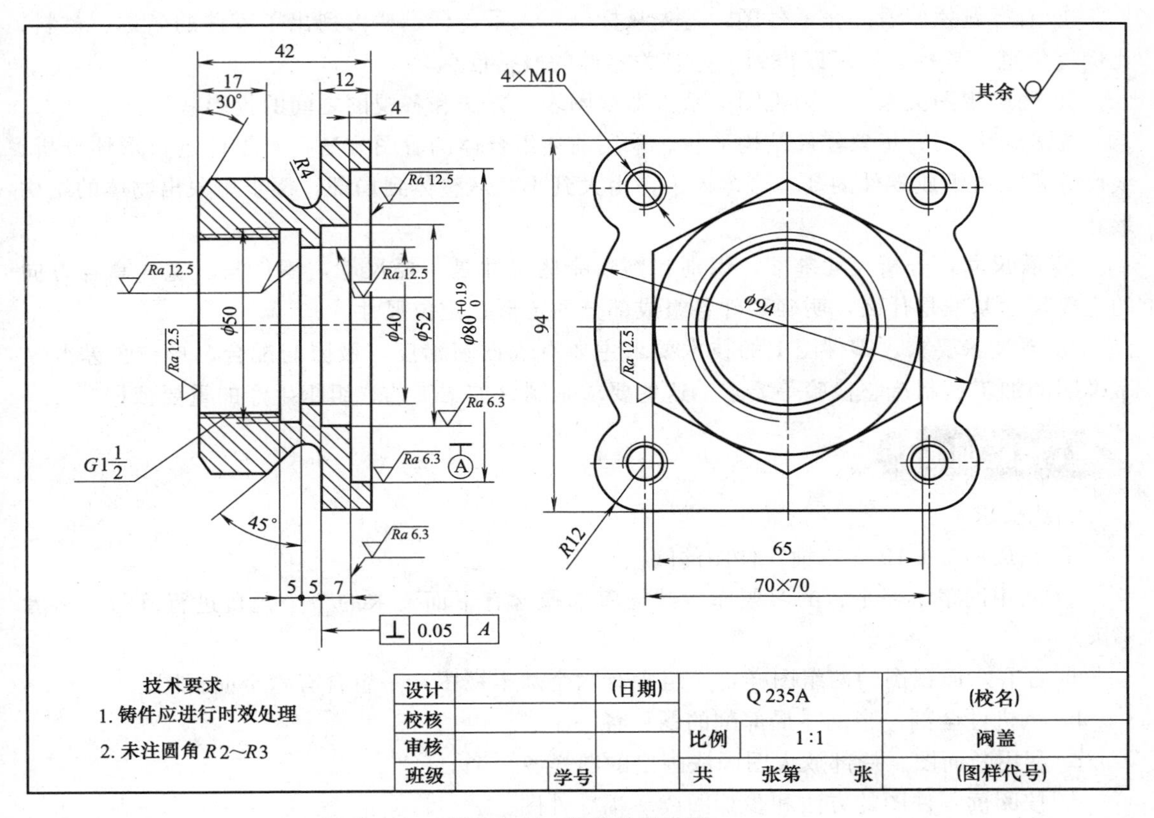

图 2-1-51　阀盖的零件图

① 一组视图　在零件图中须用一组视图来表达零件的形状和结构，应根据零件的结构特点选择适当的视图、剖视、断面、局部放大图等表示法，用最简明的方案将零件的形状、结构表达出来。

② 完整的尺寸　零件图上的尺寸不仅要标注得完整、清晰，而且还要注得合理，能够满足设计意图，适宜加工、制造，便于检验。

③ 技术要求　零件图上的技术要求包括表面粗糙度、尺寸极限与配合、表面形状公差和位置公差、表面处理、热处理、检验等要求，零件制造后要满足这些要求才能算是合格产品。由于在化工设备中使用的零部件大都已经标准化，这部分知识应用不多，故此处略去不讲。

④ 标题栏　零件图标题栏的内容一般包括零件名称、材料、数量、比例、图的编号以及设计、描图、绘图、审核人员的签名等。

3. 阅读零件图的方法和步骤

(1) 读零件图的目的

① 对零件有一个概括的了解，如名称、材料、绘图比例等。

② 想象出零件的形状，明确零件在设备中的作用及零件各部分的功能。

③ 对零件各部分的大小有一个概念，分析出各方向尺寸的主要基准。

④ 明确制造零件的主要技术要求，以便确定正确的加工方法。

(2) 阅读零件图的方法和步骤

① 看标题栏。看一张零件图，首先从标题栏入手，标题栏内列出了零件的名称、材料、比例等信息，从标题栏可以得到一些有关零件的概括信息。

② 明确视图关系。所谓视图关系，即视图表达方法和各视图之间的投影联系。

③ 分析视图，想象零件结构形状。采用前述组合体的看图方法，对零件进行形体分析、线面分析。由组成零件的基本形体入手，由大到小，从整体到局部，逐步想象出物体的结构形状。

④ 看尺寸，分析尺寸基准。识别和判断哪些尺寸是主要尺寸，零件长、宽、高各方向的主要尺寸基准是什么，明确零件各组成部分的定形、定位尺寸。

⑤ 看技术要求。零件图上的技术要求主要有表面粗糙度，极限与配合，形位公差及文字说明的加工、制造、检验等要求。这些要求是制订加工工艺、组织生产的重要依据。

【技能训练】

训练要求：

① 完成图 2-1-13 涡轮轴零件图的阅读。

② 利用网络学习平台的习题库、试题库选择含有下面要求的 7 个题目进行练习（多者不限）。

a. 含有六面视图的两组图样，一组含有六个基本视图，一组含有六个向视图。

b. 将机件全剖、半剖、局部剖的题目各一个。

c. 利用断面图、局部放大图画法画出的图样各一个。

d. 按阅读零件图的方法和步骤阅读一幅零件图。

【任务三指导】

① 该零件的名称是涡轮轴，用 Q235A 材料制成，绘图比例 1∶1。

② 该零件是轴套类零件，主视图依据加工位置原则确定，采用了一个主视图、一个局部俯视图、一个移出断面图、两个局部放大图共五个图样表达零件，其中主视图上采用了断开画法，并且上面还有两处局部剖，局部放大图Ⅰ采用了剖视方法，局部放大图Ⅱ采用了视图方法。

③ 通过分析，想象出零件的整体结构。如图 2-1-52 所示。

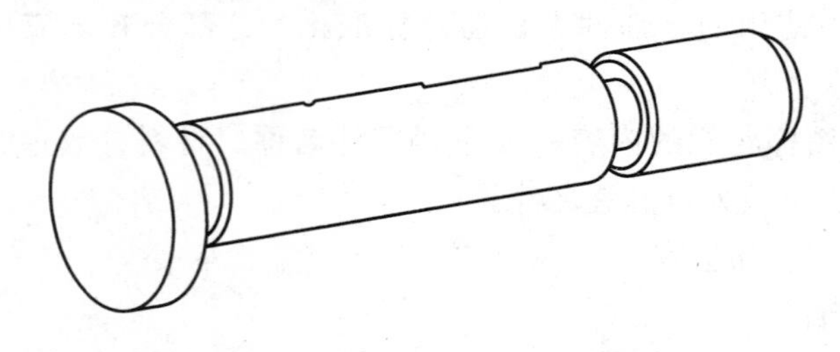

图 2-1-52　涡轮轴的立体图

④ 零件的总长为 140，总宽、总高皆为 20，零件长度方向的主要基准是轴的左端面，宽度、高度方向的主要基准是轴的轴线。

⑤ 该零件是与套筒配合使用，用于机器的传动装置。

子情境二　储槽装配图的绘制与换热器装配图的识读

通过本情境学习，应了解装配图、化工设备图定义、作用和内容；了解化工设备的结构特点；掌握化工设备图常用标准零部件的规定画法，并能根据标记查阅相关的标准；了解化工设备图的绘制方法和步骤；熟练掌握阅读化工设备图的基本方法和步骤，能阅读化工设备图。

任务一　绘制储槽化工设备装配图

【任务目标】

① 认识装配图、化工设备图。

② 了解化工设备的结构特点。

③ 掌握化工设备图的表达方法。

④ 了解化工设备中常用的标准化零部件。

⑤ 掌握绘制化工设备图的方法和步骤。

⑥ 能查阅化工设备中零部件的相关资料并根据这些资料绘制化工设备图。

【任务描述】

① 从相关资料（教材附录一）查出如图 2-2-1 所示储槽中标准件的尺寸。

技术特性表

设计压力	0.25MPa
设计温度	200℃
物料名称	酸
容积	6.3m^3

管口表

符号	公称尺寸	连接尺寸标准	连接面形式	用途或名称
a	50	JB/T 81—1994	平面	出料口
$b_{1\sim4}$	15	JB/T 81—1994	平面	液面计口
c	50	JB/T 81—1994	平面	进料口
d	40	JB/T 81—1994	平面	放空口
e	50	JB/T 81—1994	平面	备用口
f	500	JB/T 577—1979	平面	人孔

注：各接管口伸出长度均为120mm

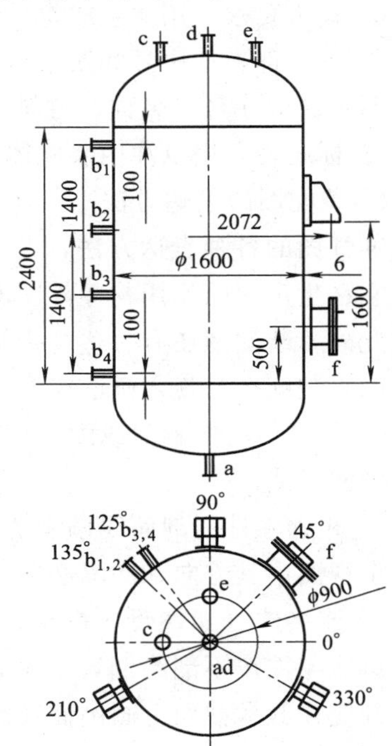

图 2-2-1　储槽示意图

② 选取 A3 图纸及适当比例，按示意图拼画出该化工设备的装配图。

③ 标注必要的尺寸。

【知识链接】

要完成拼画储槽装配图这个任务，就必须学习装配图的有关知识。

一、装配图的基本知识

任何机器、设备都是由许多零、部件组合而成的。这些零部件按预定的方式连接起来，彼此保持一定的相对关系，从而实现某种特定的功能。由零件装配成机器、设备时，往往根据不同的组合要求和工艺条件分成若干个装配单元，称为部件。为了便于叙述，将机器、设备或其部件统称为装配体。

1. 装配图的定义、作用和内容

(1) 定义　表示装配体及其组成部分的连接、装配关系的图样称为装配图。

(2) 作用　装配图和零件图一样，都是生产中的重要文件。装配图表达的是由若干零件装配而成的装配体的装配关系、工作原理及其基本结构形状，用于指导装配体的装配、检验、安装、使用和维修。

(3) 装配图的内容　如图 2-2-2 所示为千斤顶的装配图。从图中可以看出，一张完整的装配图，应包括以下内容。

① 一组视图　用于表达装配体的工作原理、零部件的装配关系及主要零件的结构形状。

② 必要的尺寸　根据装配和使用的要求，标注出反映机器的性能、规格、零部件之间相对位置、配合要求和安装所需的尺寸。

③ 技术要求　用文字或符号说明装配体在装配、检验、调试及使用等方面的要求。

④ 零（部）件序号和明细栏　根据生产和管理的需求，将每一种零件编号并列成表格，以说明零件的序号、名称、材料、数量、备注等。

⑤ 标题栏　用以注明装配体的名称、图号、比例及责任者签字等。

2. 装配图的表达方法

零件图的各种表达方法，在装配图中同样适用。但是由于装配图所表达的对象是装配体，它在生产中的作用与零件图不同，因此装配图中表达的内容、视图选择原则与零件图不同。此外，装配图还有一些规定画法和特殊表达方法。

(1) 装配图的规定画法

① 两零件的接触面或配合面只画一条线；而非接触面、非配合表面，即使间隙再小，也应画两条线。

② 相邻零件的剖面线倾斜方向应相反，或方向一致但间隔不等。同一零件的剖面线，在各个视图中其方向和间隔必须一致。

③ 连接件（如螺母、螺栓、垫圈、键、销等），若剖切平面通过它们的轴线或对称面时，这些零件按不剖绘制，如螺杆、铰杠、螺钉等。当剖切平面垂直它们的中心线或轴线时，则应在其横截面上画剖面线。

(2) 装配图的特殊画法和简化画法

① 拆卸画法　在装配图的某一视图中，当某些零件遮住了需要表达的结构，或者为避免重复，简化作图，可假想将某些零件拆去后绘制，这种表达方法称为拆卸画法。

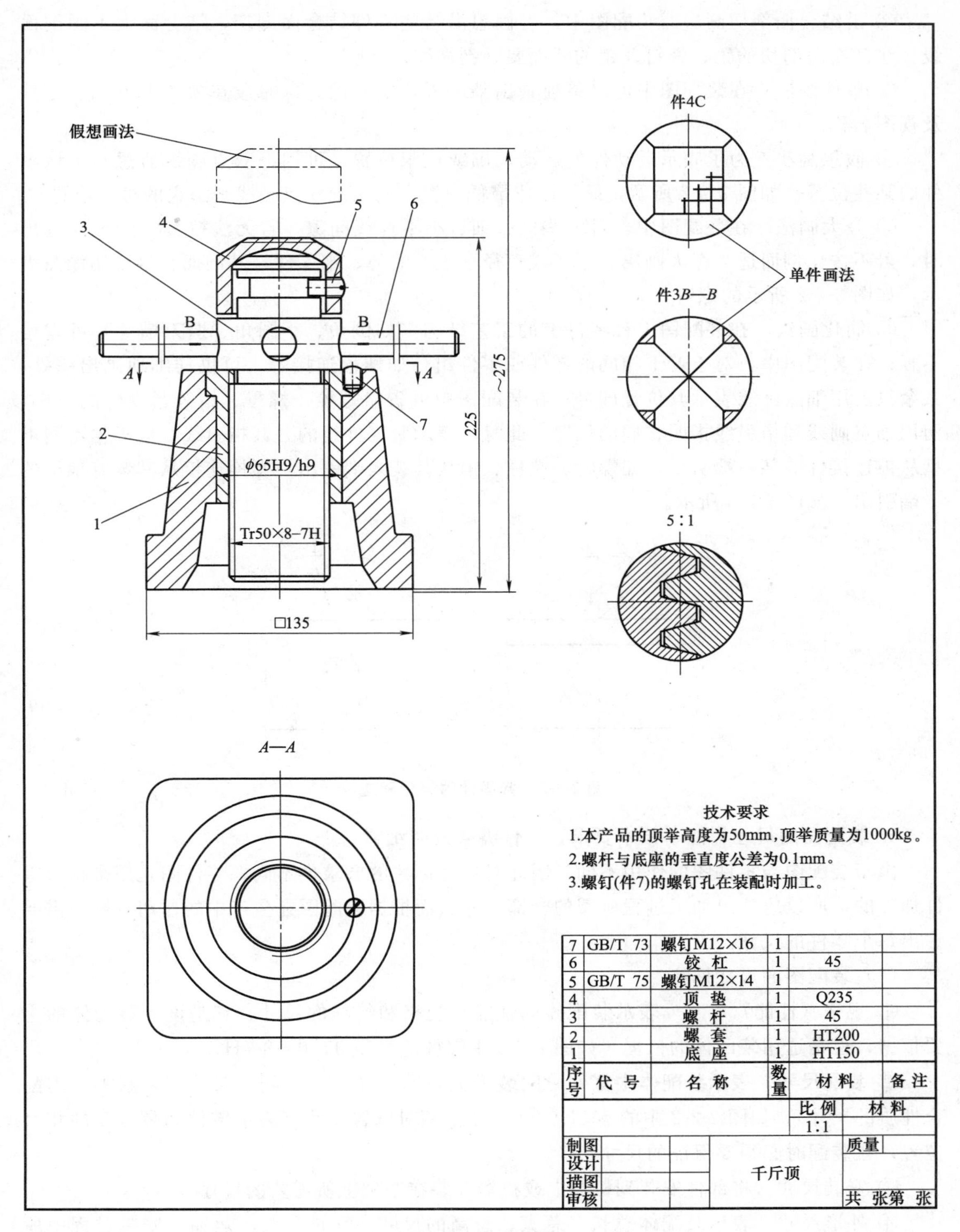

图 2-2-2　千斤顶

采用拆卸画法后，为避免误解，在该视图上方加注“拆去件××”。拆卸关系明显，不至于引起误解时，也可以不加标注。

② 沿结合面剖切画法　装配图中，可假想沿某些零件结合面剖切，结合面上不画剖面线。注意横向剖切的轴、螺钉及销的断面要画剖面线。

③ 单件画法　在装配图中可以单独画出某一零件的视图。这时应在视图上方注明零件及视图名称。

④ 假想画法　为了表示运动件的运动范围或极限位置，可用细双点画线假想画出该零件的某些位置。如图 2-2-2 所示，螺杆画成最低位置，而用细双点画线画出它的最高位置。

⑤ 夸大画法　在装配图中，对一些薄、细、小零件或间隙，若无法按其实际尺寸画出时，可不按比例而适当夸大画出。厚度或直径小于 2 的薄、细零件，其剖面符号可用涂黑表示，如图 2-2-2 所示的螺钉。

⑥ 简化画法　在装配图中，零件上的工艺结构（如倒角、小圆角、退刀槽等）可省略不画；在装配图中，对于若干相同的零件或零件组，如螺栓连接等，可仅详细地画出一处，其余只需用细点画线表示其位置即可；在装配图中可省略螺栓、螺母、销等紧固件的投影，而用细点画线和指引线指明它们的位置。此时，表示紧固件组的公共指引线，应根据不同类型从被连接件的某一端引出，如螺钉、螺柱、销从其装入端引出，螺栓连接从其装有螺母的一端引出，如图 2-2-3 所示。

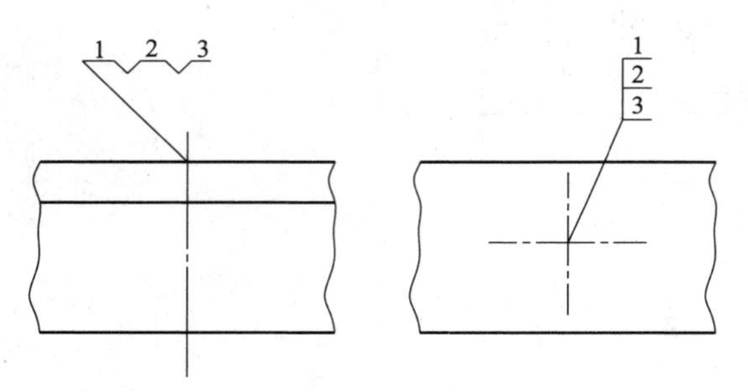

图 2-2-3　紧固件的简化画法

3. 装配图的尺寸标注、技术要求、零件编号及明细栏

由于装配图与零件图的作用不同，因此对尺寸标注的要求也不同。零件图是用来指导零件加工的，所以应注出加工过程所需的全部尺寸。而根据装配图在生产中的作用，则不需要注出每个零件的尺寸。

(1) 装配图的尺寸标注

① 规格（性能）尺寸　表示装配体的性能、规格和特征的尺寸，它是设计装配体的主要依据，也是选用装配体的依据，如图 2-2-2 中螺杆的直径 Tr50×8-7H。

② 装配尺寸　表示装配体中零件之间装配关系的尺寸。一是配合尺寸（表示零件间配合性质的尺寸)，如图 2-2-2 中的 ϕ65H9/h9；二是相对位置尺寸（表示零件间较重要的相对位置，在装配时必须要保证的尺寸)。

③ 安装尺寸　将部件安装到机器上或机器安装在基础上所需要的尺寸。

④ 外形尺寸　表示装配体总长、总宽、总高的尺寸。它是包装、运输、安装过程中所需空间大小的尺寸，如图 2-2-2 中的 225 和□135。

⑤ 其他重要尺寸　不包括在上述几类尺寸中的重要零件的主要尺寸。运动零件的极限位置尺寸、经过计算确定的尺寸等，都属于其他重要尺寸，如图 2-2-2 中高度方向的极限位

置尺寸 275。

必须指出，一张装配图上有时并非全部具备上述五种尺寸，有的尺寸可能兼有多种含义。因此标注装配图尺寸时，必须视装配体的具体情况加以标注。

（2）装配图的技术要求　装配图上的技术要求一般包括以下几个方面。

① 装配要求　指装配过程中的注意事项、装配后应达到的要求等。

② 检验要求　对装配体基本性能的检验、试验、验收方法的说明。

③ 使用要求　对装配体的性能、维护、保养、使用注意事项的说明。

由于装配体的性能、用途各不相同，因此技术要求也不相同，应根据具体的需要拟定。用文字说明的技术要求，填写在明细栏上方或图样下方空白处，如图 2-2-2 所示。

（3）零部件的序号　为了便于读图以及生产管理，必须对所有的零部件编写序号。相同零件（或组件）只需编一个序号。序号应水平或垂直的排列整齐，并按顺时针或逆时针方向依次编写，如图 2-2-2 所示。

零部件序号用指引线（细实线）从所编零件的可见轮廓线内引出，序号数字比尺寸数字大一号或两号，指引线不得相互交叉，不要与剖面线平行。装配关系清楚的零件组可采用公共指引线，如图 2-2-4 所示。

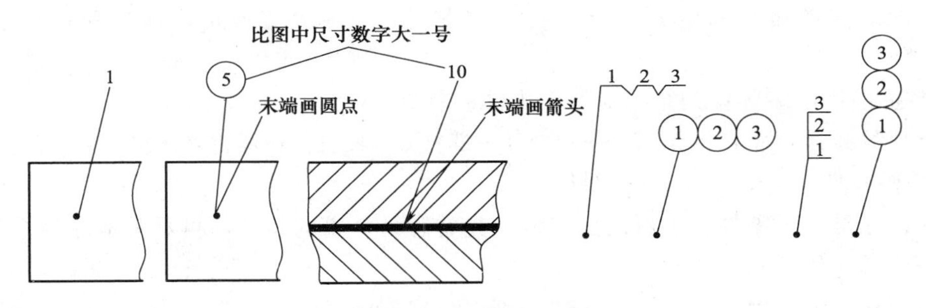

图 2-2-4　零部件序号

（4）明细栏　装配图上除了要画出标题栏外，还要画出明细栏，明细栏绘制在标题栏上方，按零部件序号由下向上填写。位置不够时，可在标题栏左边继续编写。

明细栏的内容包括零部件序号、代号、名称、数量、材料和备注等。对于标准件，要注明标准号，并在“名称”一栏注出规格尺寸，标准件的材料可不填写。明细栏的格式见表 1-1-2 和表 1-1-3 所示。

4. 读装配图的方法和步骤

读装配图是工程技术人员必备的一种能力，在设计、装配、安装、调试以及进行技术交流时，都要读装配图。通过读装配图，要了解装配体的功用、使用性能和工作原理；弄清各零件的作用和它们之间的相对位置、装配关系和连接固定方式；弄懂各零件的结构形状；了解零部件的尺寸和技术要求。

以图 2-2-2 为例，说明读装配图的方法和步骤。

（1）概括了解　看标题栏并参阅有关资料，了解装配件的名称、用途和使用性能、绘图比例等；看零部件编号和明细栏，了解零部件的名称、数量和它在图中的位置，哪些是标准件；粗看视图大致了解装配体的结构形状及大小。

由装配图的标题栏可知，该装配体名称为千斤顶，绘图比例 1∶1。由明细栏和外形尺寸可知它由 7 个零件组成，其中标准件 2 种，结构简单。

（2）分析视图　弄清各个视图的名称、所采用的表达方法和所表达的主要内容及视图间的投影关系。

千斤顶装配图是由两个视图表达的，主视图采用了全剖视，表达了千斤顶的主要装配关系，其上还采用了假想画法、断开画法；俯视图是沿铰杠下方、螺杆的横断面剖切得到的；同时还采用了一幅局部放大图；另外还采用了一幅断面图和一幅局部视图。

（3）分析装配体的工作原理　从表达传动关系的视图入手，分析装配体的工作原理。本装配体表达传动关系的视图为主视图。旋转铰杠，带动螺杆旋转，螺杆顶着顶垫，使得在其上方的重物被顶起来。

（4）分析零件间的装配关系和部件结构

分析零部件的装配关系，弄清零件之间的配合关系、连接固定方式等。

① 配合关系　可根据图中配合尺寸的配合代号，判别图中的配合尺寸。

千斤顶上的配合尺寸有：一个是底座与螺套的配合尺寸 ϕ65H9/f9，另外还有螺杆的螺纹尺寸 Tr50×8-7H。

② 连接和固定方式　弄清零件之间用什么方式连接，零件是如何固定、定位的。

千斤顶上的连接和固定方式有：底座和螺套——用螺钉连接；顶垫和螺杆也是螺钉连接。

③ 装拆顺序　装配体的结构应利于零件的装拆。

千斤顶的装拆顺序：拆螺钉 5→顶垫 4→螺杆 3→铰杠 6→螺钉 7→螺套 2→底座 1 等。

④ 分析零件，弄清零件的结构形状

顺序：先看主要零件，再看次要零件；先看容易分离的零件，再看其他零件；先分离零件，再分析零件的结构形状。

把零件从装配图中分离出来的方法，可以根据剖面线的方向和间隔的不同，及视图间的投影关系等区分零件；还可以看零件编号，分离不剖零件。

（5）归纳总结　通过以上分析，最后综合起来，对装配体的装配关系、工作原理、各零部件的结构形状及作用有一个完整清晰的认识，并想象出装配体的形状和结构。

以上所述是读装配图的一般方法和步骤，实际上有些步骤不能截然分开，而是交替进行的，希望读者在学习过程中，综合认识，不断深入。为后面学习化工设备图的识读打基础。

二、化工设备图

表示化工设备形状、结构、大小、性能和制造要求等内容的图样，称为化工设备图。化工设备图是装配图，因此在装配图中机械图样的各种表达方法都适用于化工设备图，但化工设备有其自身的特点，所以本课题重点介绍化工设备的结构特点和化工设备图常用的、独特的表达方法。

1. 化工设备图包括的图样

（1）零件图　表示化工设备中零件的结构形状、尺寸大小及加工、热处理、检验等技术资料的图样。

（2）部件图　表示可拆式或不可拆式部件的结构形状、尺寸大小的图样。

（3）设备装配图　表达一台设备的结构、形状、技术特性、各部件之间的相互关系以及必要的尺寸、制造要求及检验要求等的图样。

(4) 总装配图(总图) 表示化工设备结构、尺寸、各零件、部件之间的装配连接关系的图样。

2. 化工设备图的作用和内容

(1) 化工设备图的作用 表示化工设备的图样，一般包括设备装配图、部件装配图和零件图。本课题着重讨论化工设备装配图，并将其简称为化工设备图。

化工设备图与机械制图中的装配图有密切联系，但又有区别。从作用上来看，一般的机械制造依据零件图加工零件，装配图则主要用于装配和安装机器和设备。但化工设备的制造工艺主要是用钢板卷制、开孔及焊接等，通常可以直接依据化工设备图进行制造。因此，化工设备图的作用是用来指导设备的制造、装配、安装、检验、使用及维检修的。由于化工设备的结构和表达要求上所具有的特殊性，因此，化工设备图的内容和表达方法也就必然具有一些特殊性。

(2) 化工设备图的内容

图 2-2-5 是一台卧式储罐的化工设备图，从图中可以看出化工设备图包括以下内容。

① 一组视图 用来表达设备的结构形状、各零部件之间的装配连接关系。

② 必要的尺寸 图上注写表示设备的总体大小、规格、装配和安装等尺寸数据，为制造、安装、装配、检验等提供依据。

③ 零部件编号及明细栏 组成该设备的所有零部件必须按顺时针或逆时针方向依次编号，并在明细栏内填写每一项编号、零部件的名称、规格、材料、数量、质量以及有关图号等内容。

④ 管口符号及管口表 设备上所有管口均需注出管口符号，并在管口表中列出各管口的有关数据和用途等。

⑤ 技术特性表 技术特性表中应列出设备的主要工艺特性，如操作压力、操作温度、设计压力、设计温度、物料名称、容器类别、腐蚀裕度、焊缝系数等。

⑥ 技术要求 用文字说明设备在制造、检验、安装、运输等方面的特殊要求。

⑦ 标题栏 用来填写该设备的名称、主要规格、绘图比例、图样编号等内容。

3. 化工设备的结构特点

(1) 化工设备的种类

化工设备种类较多，典型的化工设备一般分成四种，如图 2-2-6 所示。

① 容器 用于储存原料、中间产品和成品等。其形状有圆柱形、球形等，图 2-2-6 (a) 所示为一圆柱形容器。

② 反应器(也称搅拌器、反应釜) 用于物料进行化学反应，或者是物料进行搅拌、沉降等单元操作。图 2-2-6 (b) 为一常用的反应器。

③ 换热器 用于两种不同温度的物料进行热量交换，其基本形状如图 2-2-6 (c) 所示。

④ 塔器 用于吸收、洗涤、精馏、萃取等化工单元操作。塔器多为立式设备，其基本形状如图 2-2-6 (d) 所示。

这些设备虽然结构、尺寸及安装方式不同，但各类设备的基本形状，采用的主要部件都有以下共同特点。

(2) 化工设备的结构特点

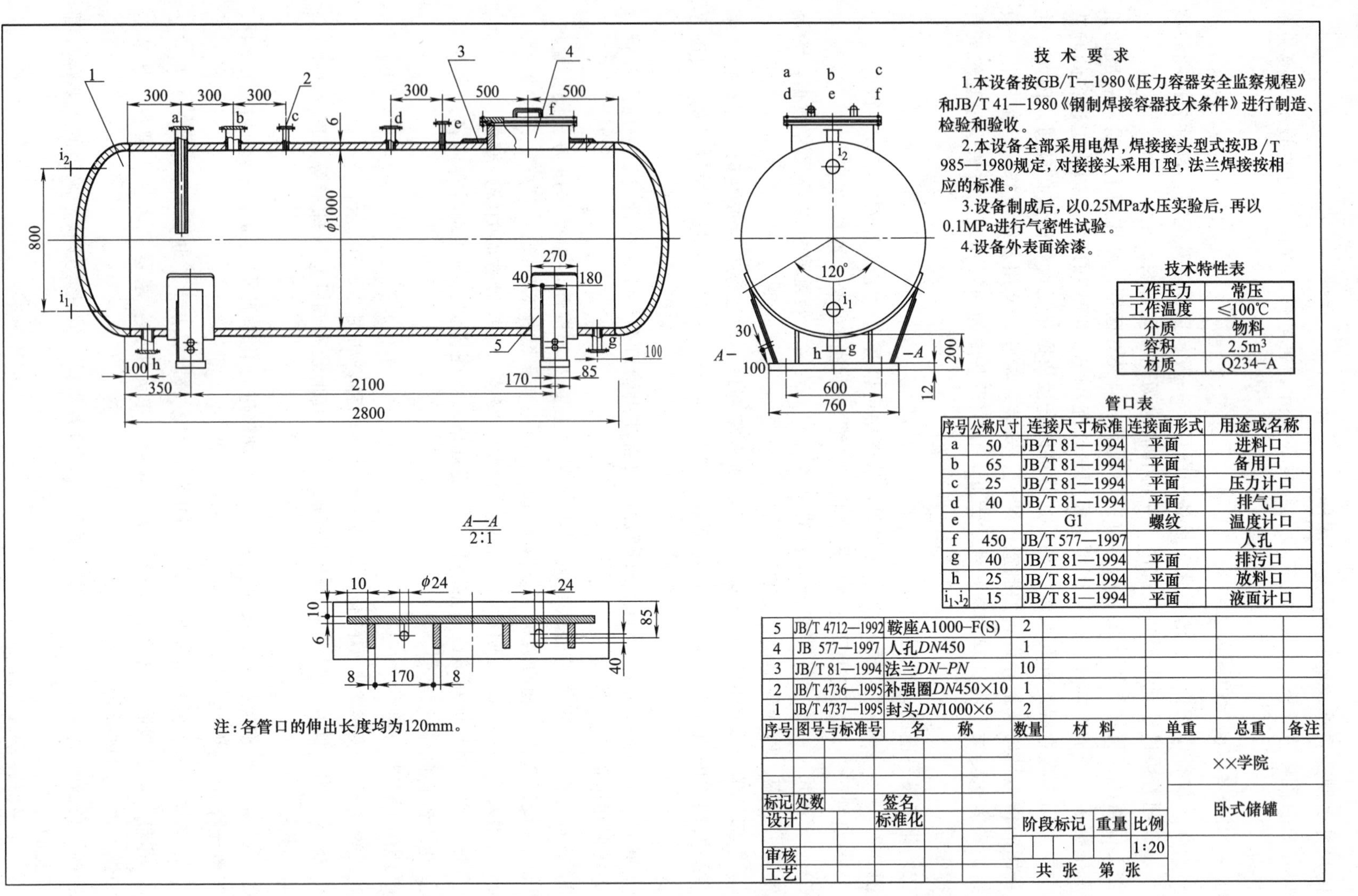

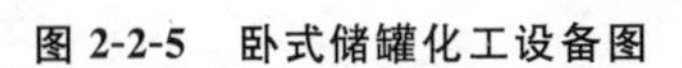
图 2-2-5　卧式储罐化工设备图

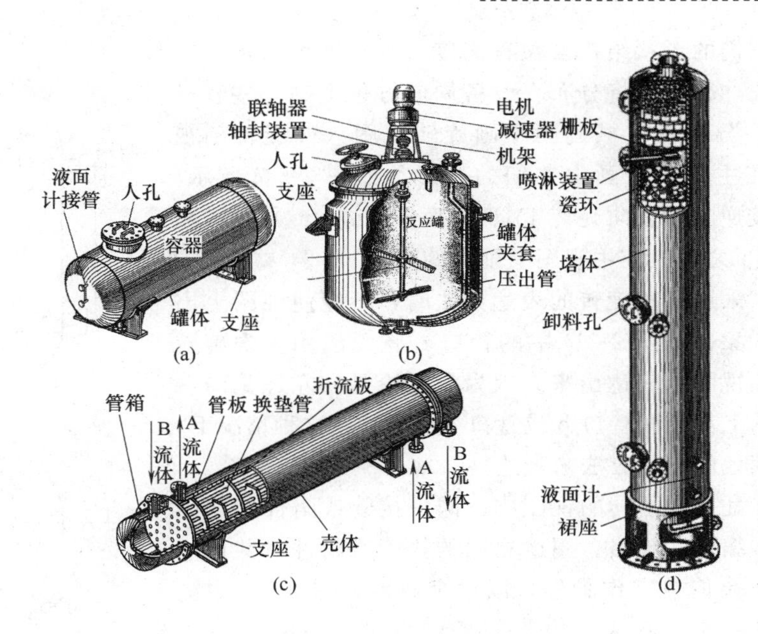

图 2-2-6　常见的化工设备

① 壳体以回转体为主。为了承压的要求和制造的方便，化工设备的壳体通常采用回转壳体，如圆柱形壳体、椭圆形壳体、蝶形壳体、圆锥形壳体等，这些壳体都是回转壳体。

② 设备主体和局部或细部结构尺寸相差悬殊。如筒体的直径、长度与壁厚，接管与焊缝，这些尺寸有时相差几十倍或上百倍。

③ 壳体上开孔和管口多。根据工艺过程的要求，设备上有很多的开孔和接管，如进（出）料口、压力表接管口、温度计接管口、液位计接管口、人（手）孔、排污管口等。

④ 大量采用焊接结构。设备上各部件的连接，通常采用焊接结构，如筒体与封头、筒体与各接管、筒体与支座、接管与法兰等部位的连接大都采用焊接结构。

⑤ 广泛采用标准化、通用化、系列化的零部件。化工设备中的常用零部件，有很强的通用性，因为用量较大，同时为了便于加工，较多的零部件已经标准化，国家相关部门制定了相应的标准，如压力容器的封头、支座、法兰、补强圈、人（手）孔、视镜、液面计、填料箱等都是标准化零部件。读者可以在书后的附录中查阅部分相关零部件标准。

⑥ 对选材和密封结构要求较高。化工设备经常拆卸的地方需要设计成可拆性连接，若设备的压力较高或真空度较高，或设备中的填料具有易燃、易爆、剧毒、强腐蚀性，则对连接面有较高的密封要求。

4. 化工设备图的表达方法

由于化工设备具有以上结构特点，化工设备图必须要规定特殊的表达方法。

（1）基本视图的配置　化工设备多为回转体，一般以两个基本视图来表达设备的主体。立式设备通常采用主、俯两个基本视图；卧式设备通常采用主、左两个基本视图。而且主视图大都要全剖。对于狭长设备，允许将俯（左）视图配置在图纸的其他空白处，但需注明其视图名称，如“俯视图”、“左视图”等字样，也可绘制在另一张图纸上，此时需在两张图纸上注明视图的关系。

（2）多次旋转的表达方法　设备壳体周向分布着众多管口或零部件结构，为了在主视图上清楚地表达它们的形状结构及位置高度，主视图可采用多次旋转的表达方法，即假想将分布在设备周向方位上的一些管口或零部件结构，分别按机械制图中画旋转视图（或旋转剖视图）的方法，在主视图上画出它们的投影，如图 2-2-7 所示。图中人孔 b 是按逆时针方向旋转 45°、液面计（a_1、a_2）是按顺时针方向旋转 45°之后，在主视图上画出的。

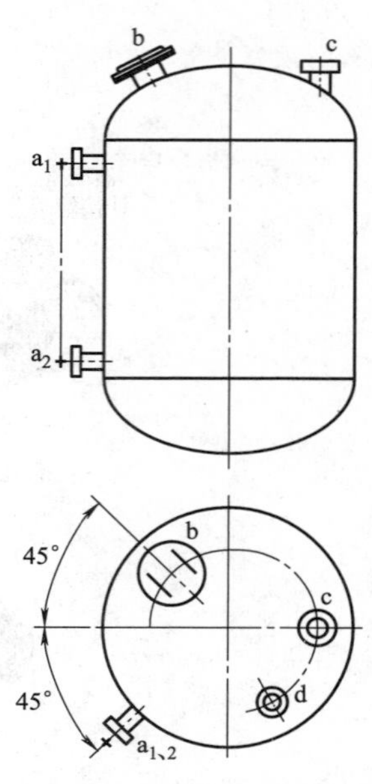

图 2-2-7 多次旋转的表达方法

必须注意，采用多次旋转的表达方法时，不能使视图上出现图形重叠的现象。如图 2-2-7 中的管口 d 就无法用多次旋转的方法同时在主视图上表达出来，因为它无论是向左还是向右旋转，在主视图上都会和管口 b 或管口 c 重叠。在这种情况下，管口 d 则需用其他的图示方法来表达。

为了避免混乱，在不同的视图中，同一接管或附件用相同的小写英文字母编号，规格、用途相同的接管或附件可共用同一字母，再用阿拉伯数字作脚标，以示个数，如图 2-2-7 中的液面计接管就是用 a_1、a_2 表示的。

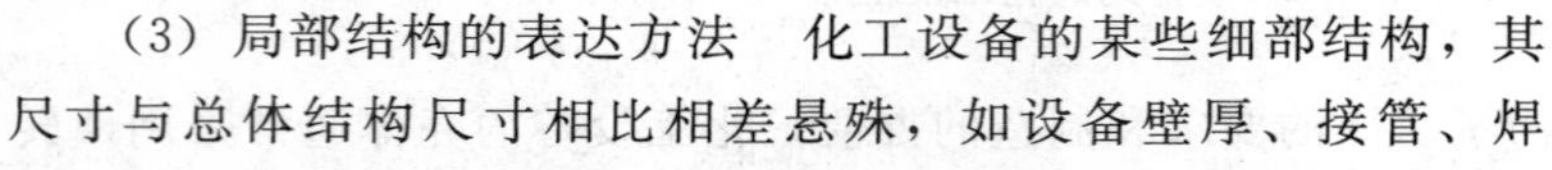

（3）局部结构的表达方法　化工设备的某些细部结构，其尺寸与总体结构尺寸相比相差悬殊，如设备壁厚、接管、焊缝，这些部位都是按总体结构图样的比例绘制，很难表达出其详细结构，因此，化工设备图中对细部结构可采用夸大画法或局部放大图的画法。

① 夸大画法　对于图样上的设备壁厚、接管、焊缝、密封垫圈等，在不影响装配结构的原则下，可作适当的夸大绘制。如图 2-2-5 中储罐中筒体的壁厚即是用夸大画法画出的。

② 局部放大图　对于设备上某些细小的结构，按总体结构所选定的绘图比例无法表达清楚时，采用局部放大图的方法绘制，可以把局部放大图绘制成局部视图、剖视图或剖面图。在局部放大图中，放大部位应标注清楚，按比例绘制时，应标注比值；不按比例绘制时，可标注“不按比例”。如图 2-2-8 所示为裙座的局部放大图。焊接结构的局部放大图又称节点放大图（节点图）。

（4）管口方位的表达方法　管口在设备上的分布方位可以用管口方位图来表示。管口方位图中以中心线标明管口的方位，用单线（粗实线）画出管口，并标注与主视图相同的英文小写字母，如图 2-2-9 所示的俯视图即管口方位图。若已由化工工艺人员画出管口方位图，只需注明“见图号××管口方位图”即可。

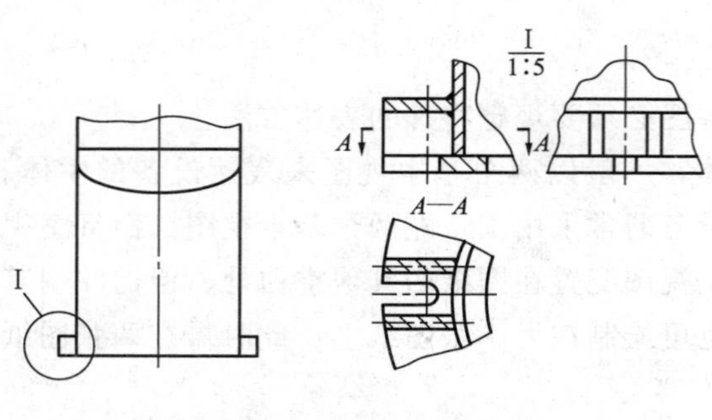

图 2-2-8 裙座的局部放大图

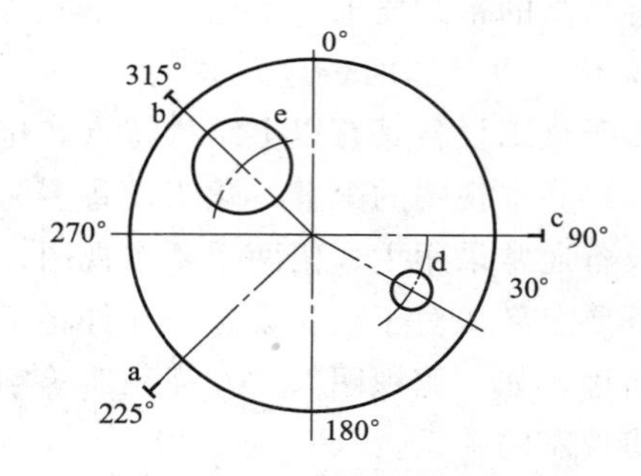

图 2-2-9 管口方位图

（5）断开和分段的表达方法　较长（高）的设备，沿长度（高度）方向如有相当部分的形状或结构相同，或按规律变化，或重复时，就可以采用断开的画法或分段画法，这样可以使图形缩短，简化作图，并便于选用较大的作图比例和合理的使用幅面。如图 2-2-10 所示。

（6）设备整体的表达方法　采用断开或分段后，图形往往提供一个不完整的形象，为表达设备的总体形状和各部分结构（包括被省略部分）的相对位置和有关尺寸，必须画出一个表示设备整体情况的图形。如图 2-2-11 所示。

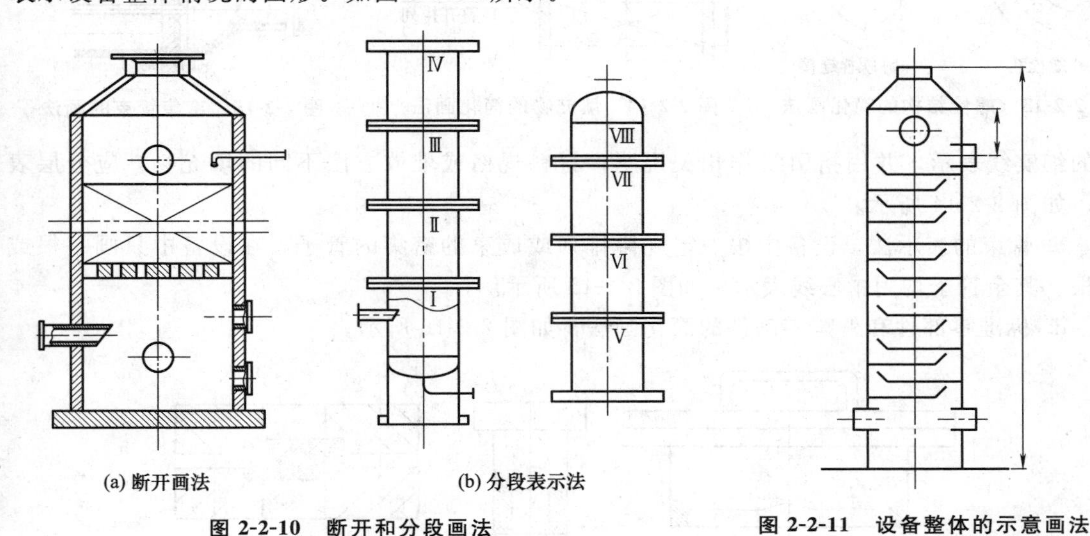

(a) 断开画法　(b) 分段表示法

图 2-2-10　断开和分段画法

图 2-2-11　设备整体的示意画法

（7）简化画法

① 示意图样　已有的图样表示清楚的零部件，允许用单线（粗实线）在设备中表示。如图 2-2-10（b）中的设备就是用单线示意画出的，图 2-2-11 设备整体结构也是示意画出的。

② 管法兰的简化画法　无论管法兰的连接面形式（平面、凹面、凸面、榫槽面）是什么，均可以简化成如图 2-2-12 所示的形式。

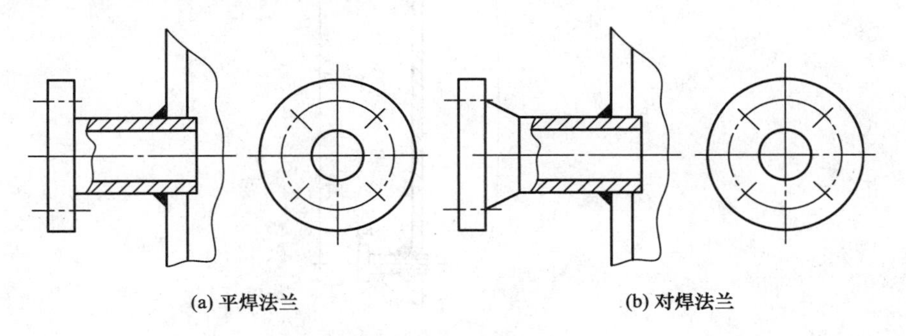

(a) 平焊法兰　(b) 对焊法兰

图 2-2-12　管法兰的简化画法

③ 重复结构的简化画法

a. 螺栓孔和螺栓连接的简化画法。螺栓孔可用中心线和轴线表示，如图 2-2-13（a）所示。螺栓连接可用符号“×”（粗实线）表示，如图 2-2-13（b）所示。

b. 填充物的表示法。设备中材料规格、堆放方法相同的填充物，在剖视图中，可用交

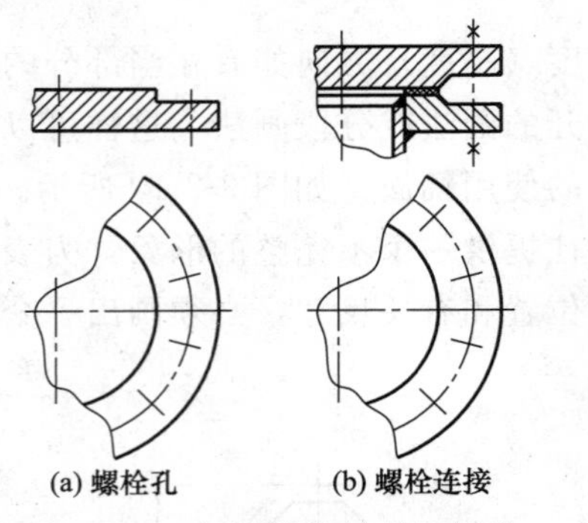
(a) 螺栓孔 (b) 螺栓连接

图 2-2-13 螺栓结构的简化画法

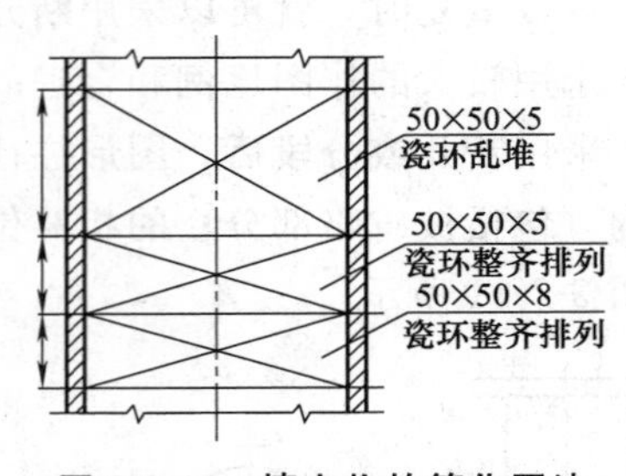

图 2-2-14 填充物的简化画法

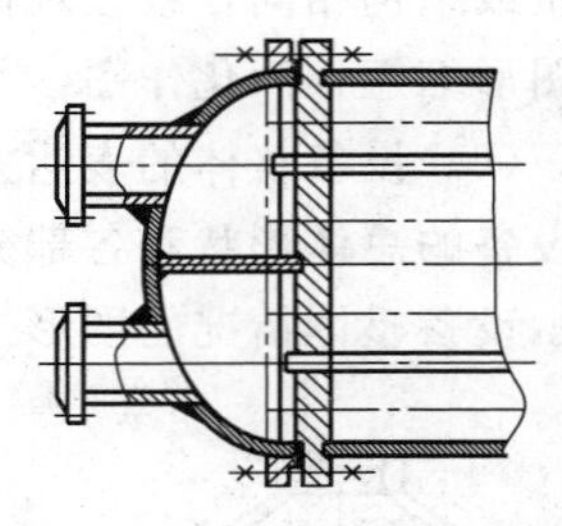

图 2-2-15 密集管束的画法

叉的细实线表示，并用指引线作相关说明；材料规格或堆放方法不同的填充物，应分层表示，如图 2-2-14 所示。

c. 管束的表示法。设备中按一定规律排列或成束的密集的管子，在设备中只画一根或几根。其余管子均用中心线表示，如图 2-2-15 所示。

d. 标准零部件和外购零部件的简化画法，如图 2-2-16 所示。

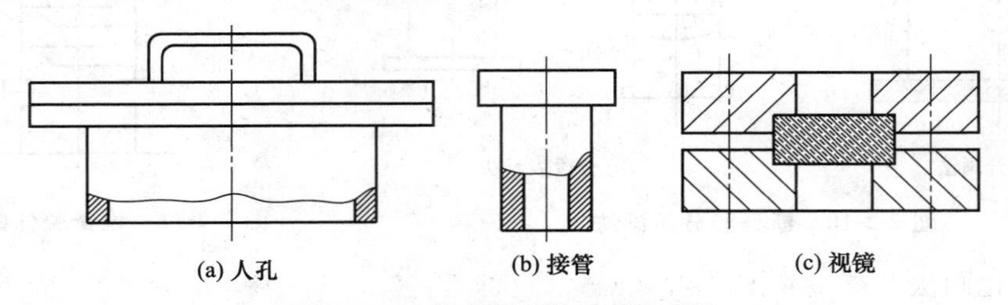
(a) 人孔 (b) 接管 (c) 视镜

图 2-2-16 标准零部件的简化画法

e. 液面计的简化画法。带有两个接管的玻璃液面计，可用细点画线和符号“+”（粗实线）简化表示，如图 2-2-17 所示。

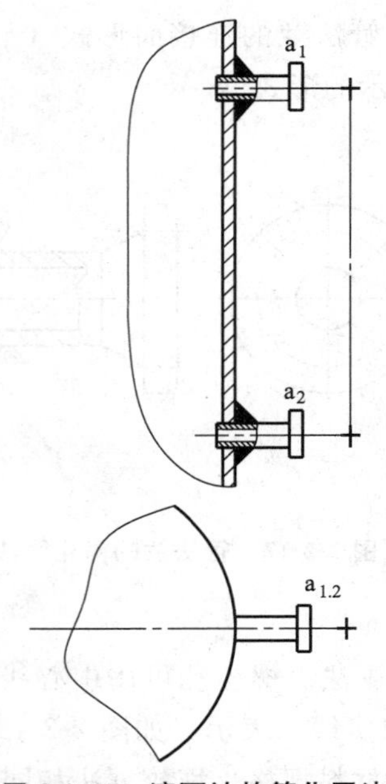

图 2-2-17 液面计的简化画法

上述各种表达特点，只是对目前在图样上出现的较常见的一些表达方法的归纳，以供绘制、识读化工设备图时参考应用，更多的表达方法读者可查阅其他相关资料。

5. 化工设备中常用的标准化零部件

化工设备的零部件的种类和规格较多，但大多都已标准化。

一般零部件可以分为两类：一类是通用零部件，另一类是常用零部件。

为了便于设计、制造和检修，把这些零部件的结构形状统一成若干种规格，相互通用，称为通用零部件。

符合标准规格的零部件称为标准件。如图 2-2-18 所示的化工设备上，示出了常用化工设备中所用的一些标准零部件。

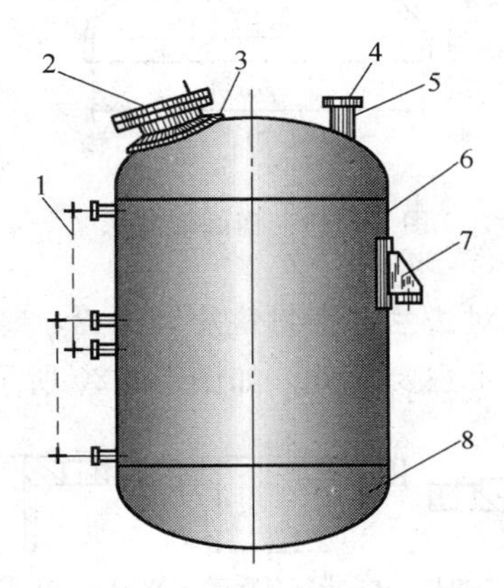

图 2-2-18　标准零部件

1—液面计；2—人孔；3—补强圈；4—管法兰；
5—接管；6—筒体；7—支座；8—封头

（1）筒体　筒体是化工设备的主体部分，一般由钢板卷制而成。其主要尺寸有直径、高度（或长度）和壁厚。

由钢板卷制成的筒体，其公称直径为内径；直径小于 500mm 的筒体，一般采用无缝钢管制成，其公称直径指钢管的外径。

压力容器筒体的直径系列见表 2-2-1。

表 2-2-1　压力容器筒体公称直径（摘自 GB/T 9019—2001）　mm

钢板卷焊（内径）								
300	(350)	400	(450)	500	(550)	600	(650)	700
800	900	1000	(1100)	1200	(1300)	1400	(1500)	1600
(1700)	1800	(1900)	2000	(2100)	2200	(2300)	2400	2600
2800	3000	3200	3600	3800	4000			

无缝钢管（外径）					
159	219	273	325	337	426

（2）封头　封头与筒体可以直接焊接，形成不可拆卸的连接，也可以分别焊上法兰，用螺栓、螺母锁紧，构成可拆卸的连接。

常见的封头形式有椭圆形、碟形、折边锥形及球冠形等。

封头标记示例：

封头类型代号　公称直径×封头名义厚度-封头材料牌号　标准号

【例 2-2-1】 公称直径 325mm、名义厚度 12mm、材质为 16MnR、以外径为基准的椭圆形封头，标记为

EHB325×12-16MnR　JB/T 4746

图 2-2-19（a）为椭圆封头的局部剖视图，图 2-2-19（b）、（c）分别为标注出内径和外径的椭圆封头。

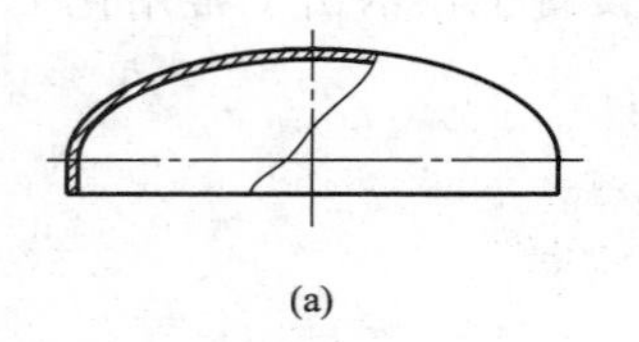
(a)

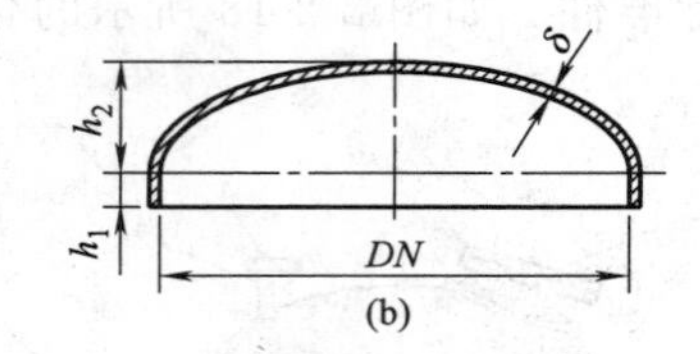

(b)

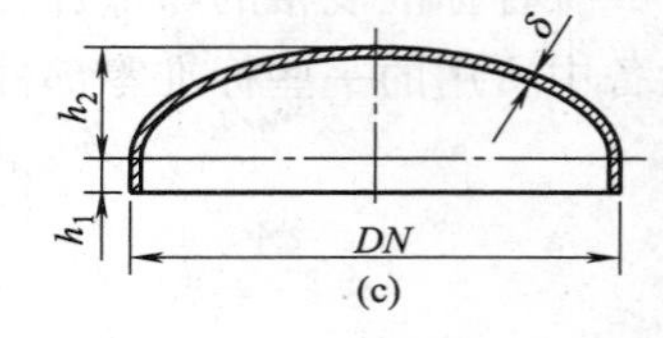

(c)

图 2-2-19　椭圆形封头

（3）法兰　法兰连接是由一对法兰、密封垫片和螺栓、螺母、垫圈等零件组成的一种可拆连接。法兰是法兰连接中的一个主要零件。如图 2-2-20 所示。

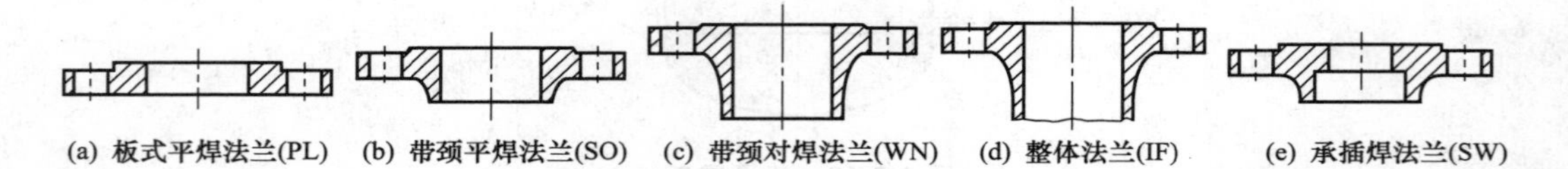
(a) 板式平焊法兰(PL)　(b) 带颈平焊法兰(SO)　(c) 带颈对焊法兰(WN)　(d) 整体法兰(IF)　(e) 承插焊法兰(SW)

图 2-2-20　管法兰的结构形式

化工设备用的标准法兰有两类：管法兰和压力容器法兰（又称设备法兰）。前者用于管道的连接，后者用于设备筒体（或封头）的连接。

标准法兰的主要参数是公称通径（*DN*）和公称压力（*PN*）。

管法兰的公称通径应与所连接的管子直径（一般是无缝钢管的公称直径，即外径）相一致。

压力容器法兰的公称通径应与所连接的筒体（或封头）公称直径（通常是指筒体内径）相一致。如图 2-2-21 所示为法兰连接。

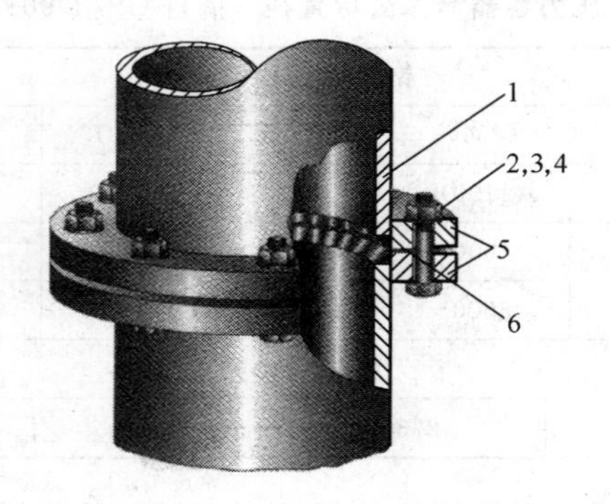

图 2-2-21　法兰连接

1—筒体（接管）；2—螺栓；3—螺母；
4—垫圈；5—法兰；6—垫片

(4) 人孔和手孔　需进行内部清理或安装制造以及检查上有要求的设备，必须开设人孔或手孔。

手孔通常是在筒体上接一短管并盖一盲板构成。

当筒体的公称直径大于或等于 1000mm 且筒体与封头为焊接连接时，筒体应至少设置一个人孔。

公称直径小于 1000mm 且筒体与封头为焊接连接时，筒体应单独设置人孔或手孔。人(手) 孔基本结构如图 2-2-22 所示。

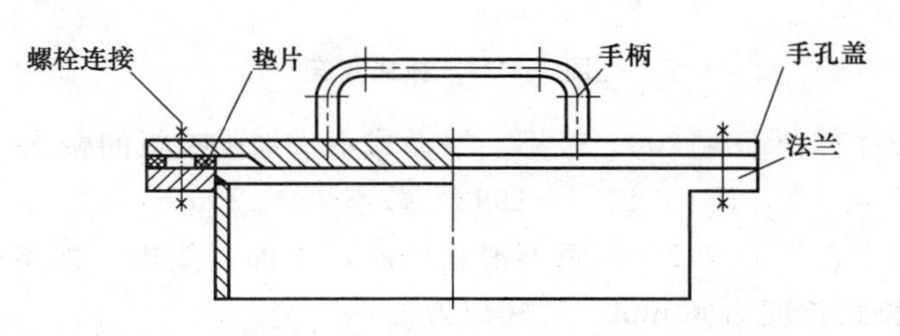

图 2-2-22　人(手) 孔基本结构

(5) 支座　用来支承设备的重量和固定设备的位置的部件。

支座一般分为立式设备支座和卧式设备支座两大类。

两种典型的标准化支座：耳式支座和鞍式支座。

① 耳式支座　用于支承在钢架、墙体或梁上的以及穿越楼板的立式设备，支脚板上有螺栓孔，用螺栓固定设备。一般有 A 型和 B 型两种。如图 2-2-23 所示。

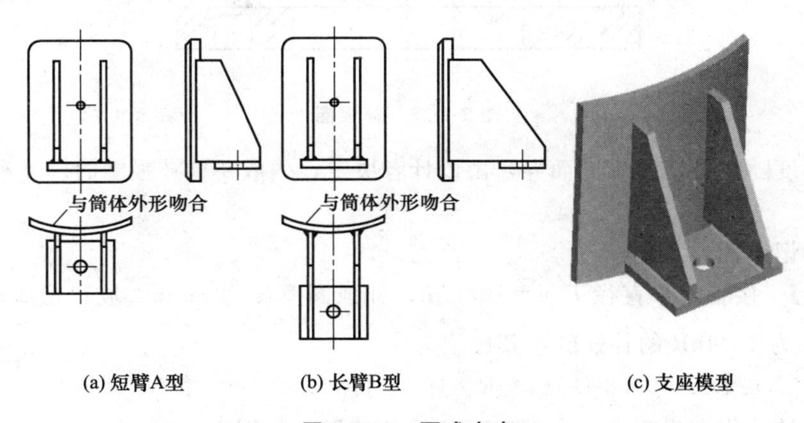

(a) 短臂A型　(b) 长臂B型　(c) 支座模型

图 2-2-23　耳式支座

耳式支座标记示例：

标准号　　支座型号　　支座号

【例 2-2-2】 A 型、带垫板，3 号耳式支座，支座材料为 Q235AF，标记为：

JB/T 4725—1992　耳座 A3　材料：Q235AF

② 鞍式支座　用于卧式设备的支座。

同一直径的鞍式支座分为 A 型(轻型) 和 B 型(重型) 两种，每种类型又分为 F 型(固定式) 和 S 型(滑动式)，如图 2-2-24 所示。

鞍式支座标记示例：

标准号　鞍座型号　公称直径-鞍座类型

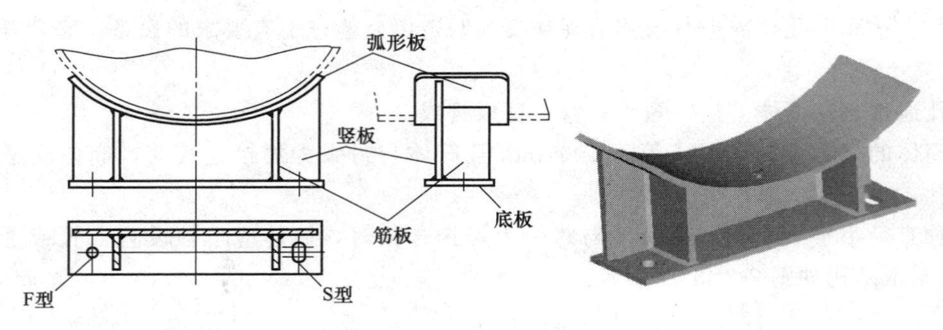

图 2-2-24 鞍式支座

【例 2-2-3】 公称直径 DN1200，轻型，滑动式不带加强垫板的鞍式支座，其标记为

JB/T 4712—1992 鞍座 A 1200-S

【例 2-2-4】 公称直径 DN1200，重型滑动鞍座，带加强垫板，鞍座高度 400mm，垫板厚度 12mm，滑动长孔长度为 60mm。其标记为

JB/T 4712—1992，鞍座 BⅡ 1200-S，h=400，δ_4=12，l=60

（6）补强圈 作用是用来弥补设备壳体因开孔过大而造成的强度损失。

补强圈上有一小螺纹孔（M10），焊接后通入 0.4～0.5MPa 的压缩空气，以检查补强圈连接焊缝的质量，如图 2-2-25 所示。

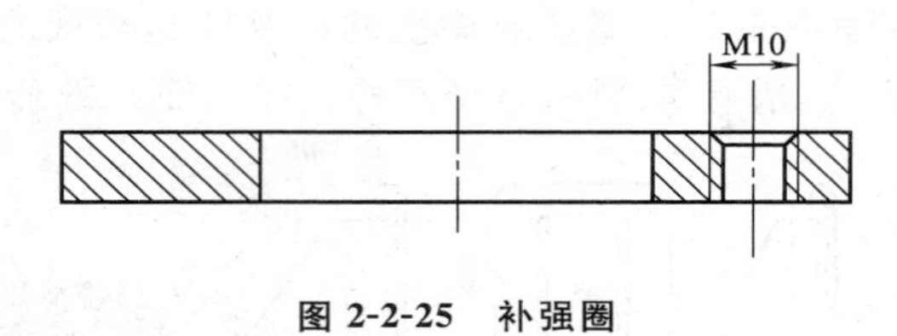

图 2-2-25 补强圈

补强圈厚度随设备壁厚不同而异，由设计者决定，一般要求补强圈的厚度和材料均与设备壳体相同。

补强圈标记示例：

【例 2-2-5】 接管公称直径 DN=100mm、补强圈厚度为 8mm，坡口形式（焊接术语）为 D 型，材质为 16MnR 的补强圈，其标记为

DN100×8-D-16MnR JB/T 4736

（7）液面计 用来观察设备内部液面位置的装置。如图 2-2-26 所示为液面计示例。

液面计结构有多种形式，最常用的有玻璃管（G 型）液面计、透光式（T 型）玻璃板液面计、反射式（R 型）玻璃板液面计，其中部分已经标准化。性能参数有公称压力、使用温度、主体材料、结构形式等。

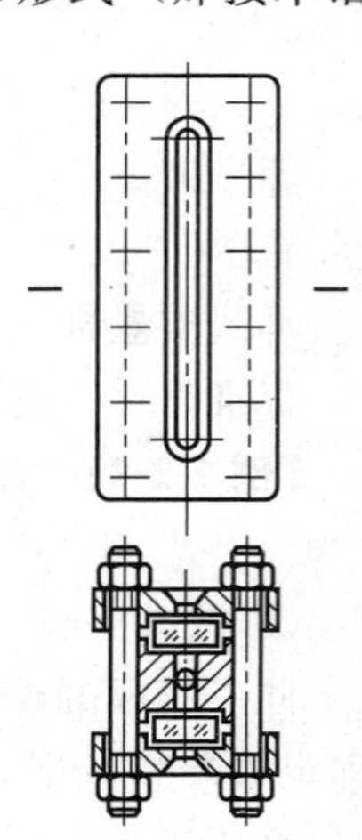

图 2-2-26 液面计

6. 绘制化工设备图的方法和步骤

画图之前，为了减少画图时的错误，应联系设备的结构对化工工艺所提供的资料进行详细核对，以便对结构做到心中有数，然后再开始作图。

绘制化工设备图的方法和步骤如下。

（1）选定表达方案　通常对立式设备采用主、俯两个基本视图，而卧式设备采用主、左两个基本视图，来表达设备的主体和零部件间的装配关系。再配以适当的局部放大图，补充表达基本视图尚未表达清楚的部分。主视图一般采用全剖和局部剖，各接管用多次旋转的表达方法画出。

（2）确定视图比例　按设备的总体尺寸确定基本视图的比例并选好图纸的幅面。化工设备图的视图布局较为固定，立式设备通常用主、俯视图，卧式设备通常用主、左视图。

（3）画视图底稿和标注尺寸　布局完成后，开始画视图的底稿。画图时，一般按照“先画主视图后画俯（左）视图；先画外件后画内件；先定位后定形；先主体后零件”的顺序进行。

视图的底稿完成后，即可标注尺寸。

（4）检查、描深图线，标注尺寸　底稿完成后，应对图样进行仔细全面检查，无误后再描深图线。

注意：在化工设备图中，允许将同方向（轴向）的尺寸注成封闭形式，并将这些尺寸数字加注圆括号“（ ）”或在数字前加“≈”，以示参考之意。

（5）编写各种表格和技术要求　完成明细栏、管口表、技术特性表、技术要求和标题栏等内容。

由于化工设备图有其自身的绘图要求，因此，要注意以下几点。

① 设备上所有管口均需注出管口符号，并在管口表中列出各管口的有关数据和用途等。“符号”栏内用小写英文字母（与图中管口符号对应）自上而下填写，当管口规格、用途及连接面形式完全相同时，可合并填写，如 $a_1 \sim a_2$；“公称尺寸”栏填写管口的公称直径，无公称直径的管口，则按管口实际内径填写；“连接尺寸、标准”栏内填写对外连接管口的有关尺寸和标准，不对外连接的管口（如人孔、视镜等），不填写具体内容；螺纹连接管口填写螺纹规格。表 2-2-2 为标准管口表格式。

表 2-2-2　管口表格式

符号	公称尺寸	连接尺寸、标准	连接面形式	用途或名称

② 技术特性表用于表明设备的主要技术特性。其格式有两种，适用于不同的设备。表 2-2-3 为两种技术特性表格式。

③ 技术要求是用文字说明设备在制造、试验和验收时应遵循的标准、规范或规定，以及对材料、表面处理及涂饰、润滑、包装、运输等方面的特殊要求。

【技能训练】

训练要求：

① 完成任务描述中的任务。绘制出储槽的化工设备图。

表 2-2-3 两种技术特性表格式

技术特性表(一)

内容	管程	壳程
工作压力/MPa		
设计压力/MPa		
物料名称		
换热面积/mm²		

尺寸：40，(40)，40；总宽 120；行高 16，8

技术特性表(二)

内容		工作温度/℃	
工作压力/MPa		设计温度/℃	
设计压力/MPa			
物料名称			
换热面积/mm²		腐蚀裕度/mm	

尺寸：40，20，(40)，20；总宽 120；行高 16，8

② 利用网络学习平台的习题库、试题库选择题目，绘制一幅化工设备装配图。

【任务一指导】

一、绘图步骤

绘图步骤如下。

(1) 复核资料　由工艺人员提供的资料，复核以下内容。

① 设备示意图，如图 2-2-1 所示。

② 设备容积：$V_g=6.3m^3$。

③ 设计压力：0.25MPa。

④ 设计温度：200℃。

⑤ 管口表：见表 2-2-4。按要求在附录二中查出对应管口的有关尺寸。

表 2-2-4 储槽管口表

符号	公称尺寸	连接面形式	公称压力	用途	备注
a	*DN*50	平面	*PN*0.25	出料口	
$b_{1\sim4}$	*DN*15	平面	*PN*0.25	液面计口	
c	*DN*50	平面	*PN*0.25	进料口	
d	*DN*40	平面	*PN*0.25	放空口	
e	*DN*50	平面	*PN*0.25	备用口	
f	*DN*500	平面	*PN*0.25	人孔	

(2) 具体作图

① 选择表达方案，根据储槽的结构，可选用两个基本视图（主、俯视图），并在主视图中作剖视以表达内部结构，俯视图表达外部及各管口的方位，此外，还用一个局部放大图详细表达人孔、补强圈和筒体间的焊缝连接结构及尺寸。

② 确定比例、进行视图布局。选用 1∶10 的比例，视图的布局如图 2-2-27 (a) 所示。

③ 画视图底稿。画图时，从主视图开始，画出主体结构即筒体、封头，如图 2-2-27 (b) 所示。在完成壳体后，按装配关系依次画出接管口、支座（支座尺寸见情境二子情境一中任务二的技能训练 2）外件投影，如图 2-2-27 (c) 所示。最后画局部放大图，如图 2-2-27 (d) 所示。

④ 检查校核，修正底稿，加深图线。

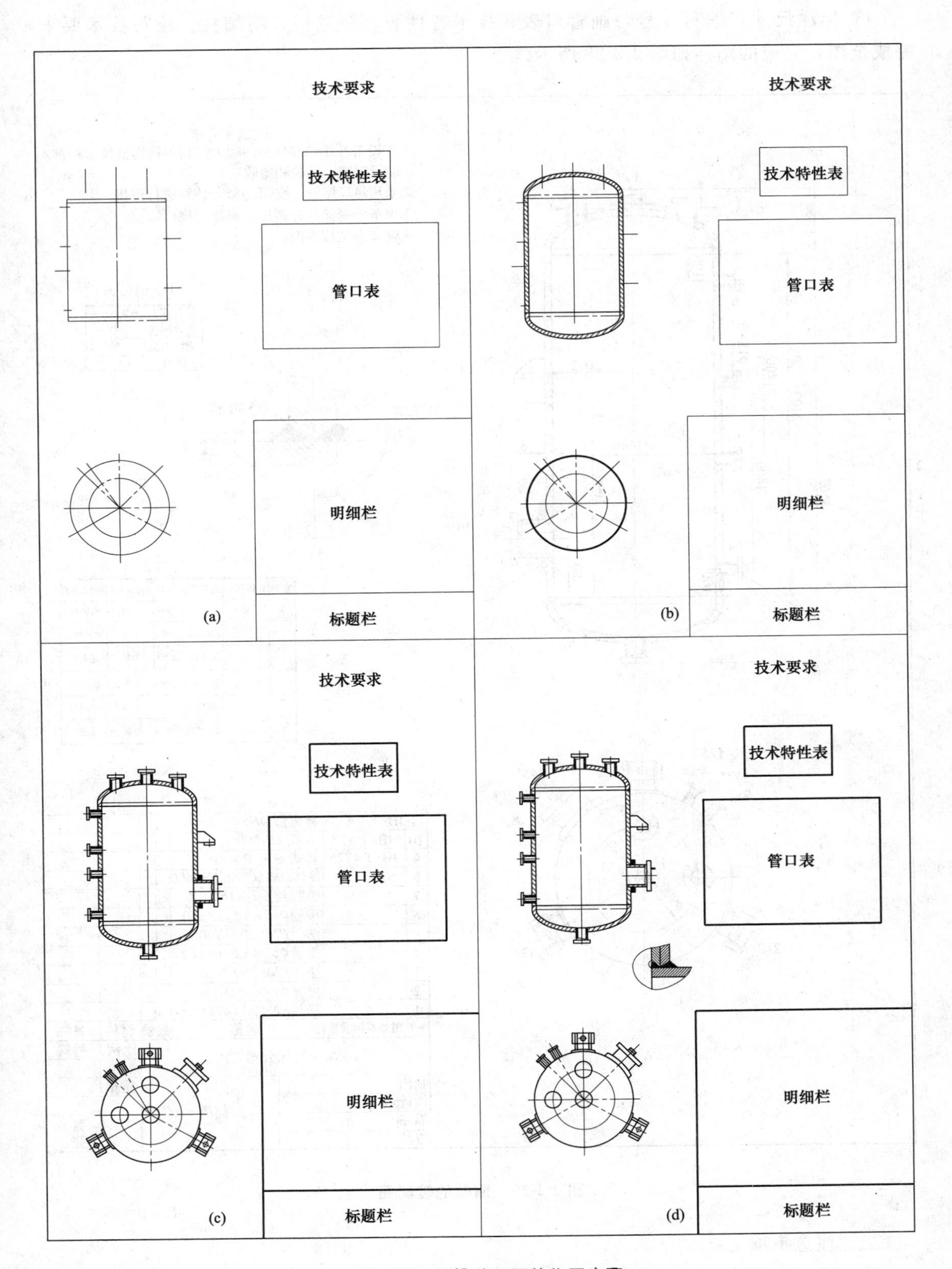

图 2-2-27　储槽装配图的作图步骤

⑤ 标注尺寸，编写序号，画管口表、技术特性表、标题栏、明细栏、注写技术要求，完成全图，完成的图样如图 2-2-28 所示。

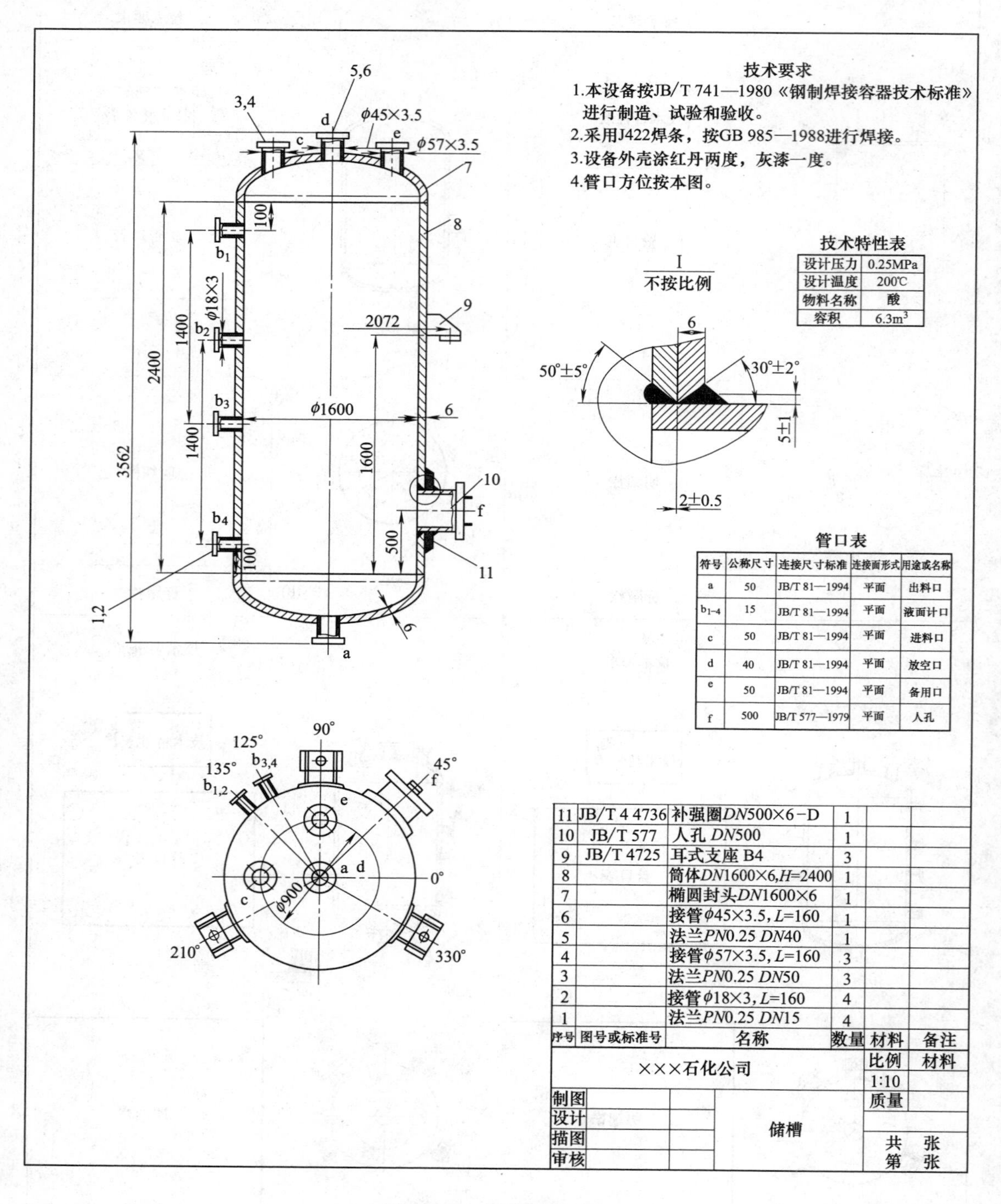

技术特性表

设计压力	0.25MPa
设计温度	200℃
物料名称	酸
容积	6.3m³

管口表

符号	公称尺寸	连接尺寸标准	连接面形式	用途或名称
a	50	JB/T 81—1994	平面	出料口
b_{1-4}	15	JB/T 81—1994	平面	液面计口
c	50	JB/T 81—1994	平面	进料口
d	40	JB/T 81—1994	平面	放空口
e	50	JB/T 81—1994	平面	备用口
f	500	JB/T 577—1979	平面	人孔

序号	图号或标准号	名称	数量	材料	备注
11	JB/T 4 4736	补强圈DN500×6-D	1		
10	JB/T 577	人孔 DN500	1		
9	JB/T 4725	耳式支座 B4	3		
8		筒体DN1600×6,H=2400	1		
7		椭圆封头DN1600×6	1		
6		接管φ45×3.5, L=160	1		
5		法兰PN0.25 DN40	1		
4		接管φ57×3.5, L=160	3		
3		法兰PN0.25 DN50	3		
2		接管φ18×3, L=160	4		
1		法兰PN0.25 DN15	4		

图 2-2-28 储槽的装配图

二、注意事项

① 画图前要根据相关资料查出标准件的尺寸并搞清零件的具体结构。

② 应选定合适的作图比例，并按一定规律进行图面的布局。

任务二　阅读换热器化工设备装配图

【任务目标】

① 了解阅读化工设备图的基本要求。

② 掌握阅读化工设备图的方法和步骤。

③ 能阅读化工设备图。

【任务描述】

读图 2-2-29 所示换热器化工设备装配图。

【知识链接】

一、阅读化工设备图的基本要求

① 弄清设备的名称、用途、性能和主要技术特性。

② 搞清各零部件的材料、结构形状、尺寸以及零部件间的装配关系。

③ 了解设备的结构特征和工作原理。

④ 了解设备上的管口数量和方位及用途。

⑤ 了解设备在设计、制造、安装和检验等方面的技术要求。

二、阅读化工设备图的一般方法和步骤

阅读化工设备图，一般可按下列方法步骤进行。

1. 概括了解

首先看标题栏，了解设备名称、规格、绘图比例等内容；看明细栏和管口表，了解零部件的数量及接管口的名称、数量；从技术特性表及技术要求中了解设备的有关信息。

2. 详细分析

（1）视图分析　了解设备上共有多少个视图，哪些是基本视图，各视图采用了哪些表达方法，分析各视图之间的关系和作用等。

（2）装配连接关系分析　以主视图为中心，结合其他视图，分析各零部件之间的相对位置及装配关系。

（3）零部件结构分析　对照图样和明细栏中的序号，逐一分析各零部件的结构、形状和尺寸。标准件的结构，可查阅有关标准，有图样的零部件，则应查阅相关的零部件图，弄清其结构。

（4）尺寸分析及管口分析　找出设备在长、宽、高三个方向的尺寸基准，对设备上的规格性能尺寸、外形尺寸、装配尺寸、安装尺寸进行分析，搞清它们的作用和含义；了解设备上所有管口的结构、形状、数目、大小和用途，以及管口的周向方位、轴向距离、外接法兰的规格和形式等。

（5）技术特性表和技术要求分析　通过分析技术特性表，对设备工作中的设计温度、设计压力等有关信息充分了解；通过分析技术要求，了解设备在制造、检验、安装等方面所依据的技术规定和要求，以及焊接方法、装配要求、质量检验等的具体要求。

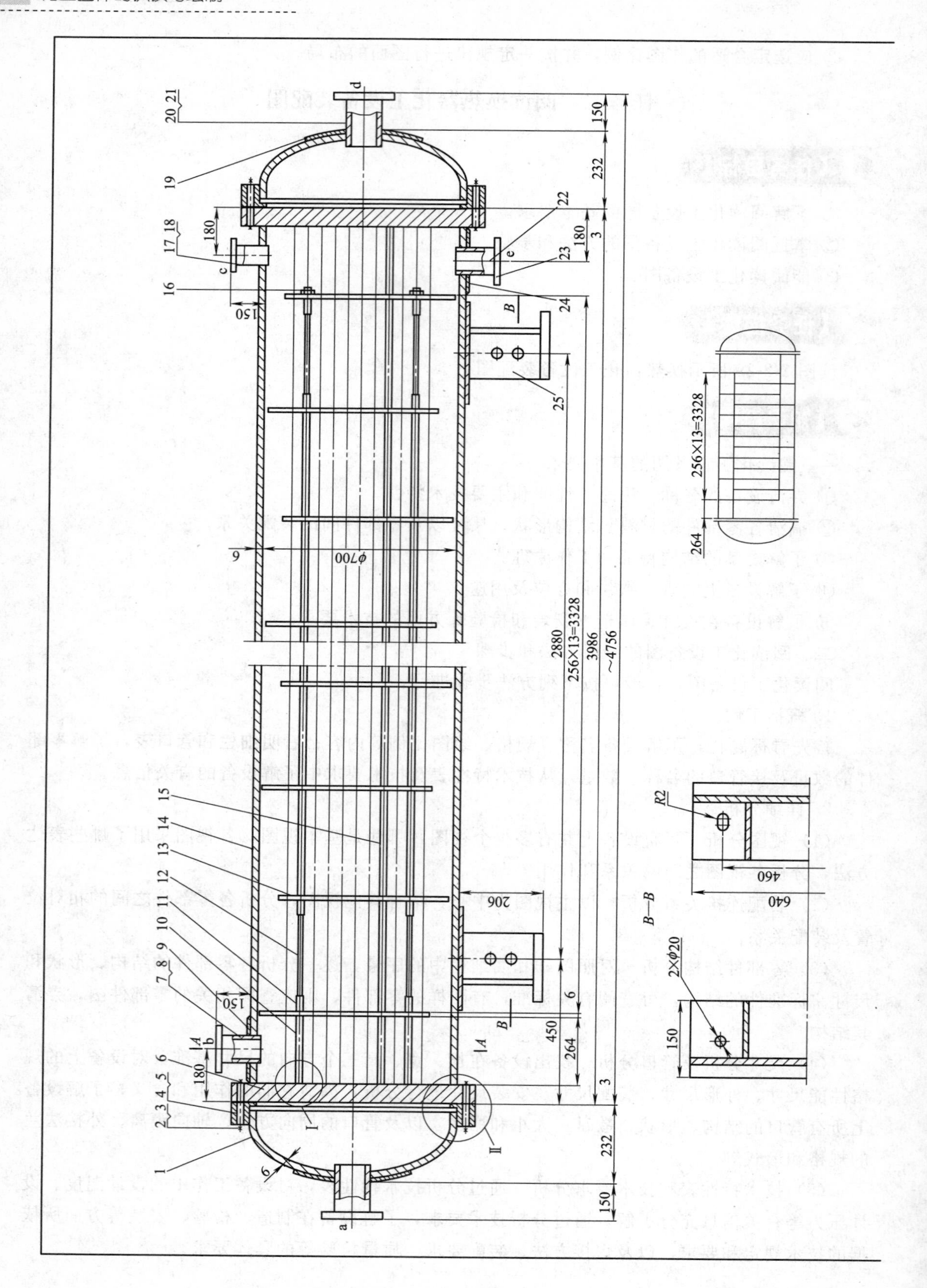

d
a
b
c
e
B—B
φ700
2880
256×13=3328
3986
~4756
232
150
180
264
450
206
2×Φ20
R2
460
640

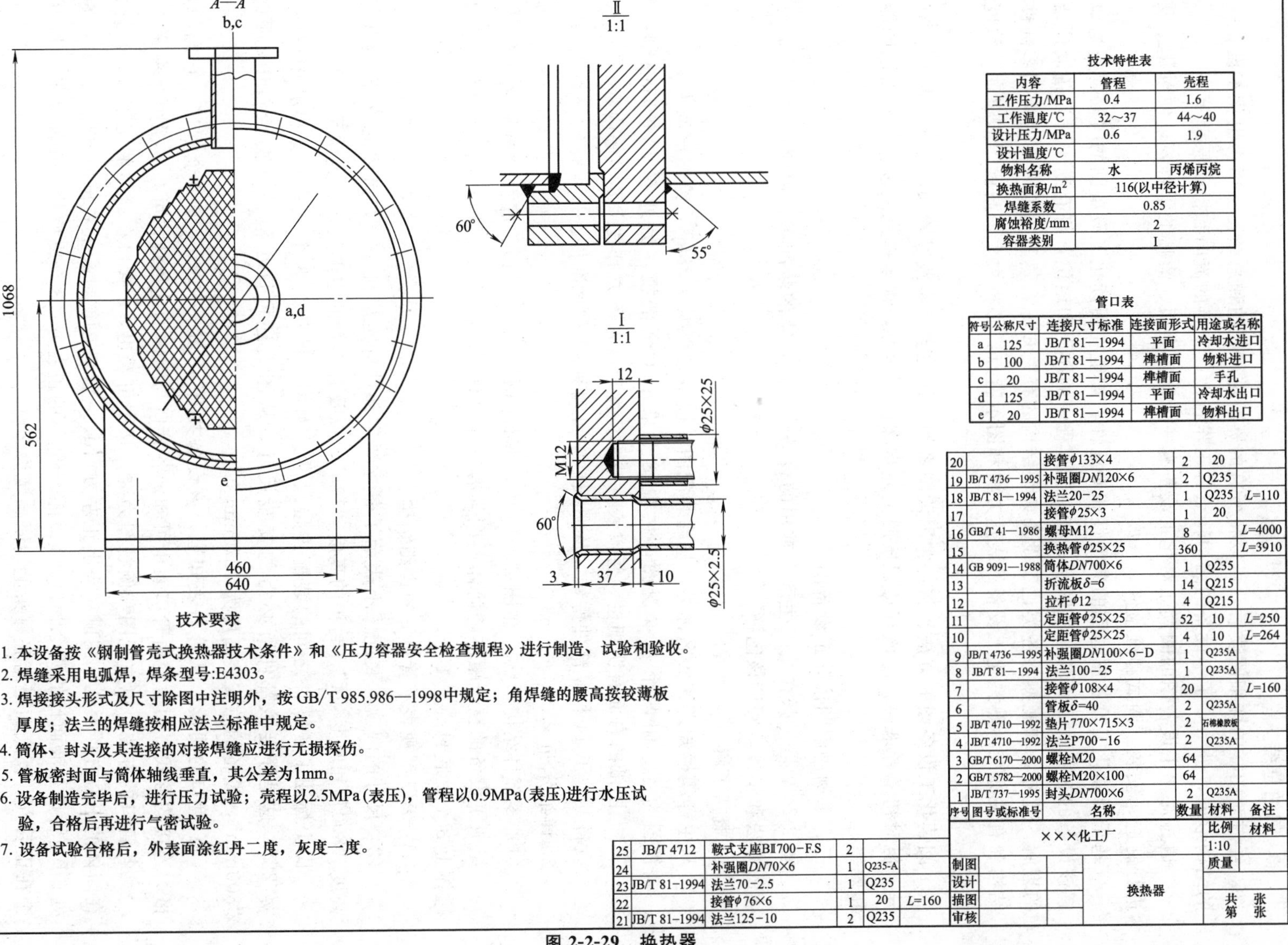

技术特性表

内容	管程	壳程
工作压力/MPa	0.4	1.6
工作温度/℃	32～37	44～40
设计压力/MPa	0.6	1.9
设计温度/℃		
物料名称	水	丙烯丙烷
换热面积/m^2	116(以中径计算)	
焊缝系数	0.85	
腐蚀裕度/mm	2	
容器类别	Ⅰ	

管口表

符号	公称尺寸	连接尺寸标准	连接面形式	用途或名称
a	125	JB/T 81—1994	平面	冷却水进口
b	100	JB/T 81—1994	榫槽面	物料进口
c	20	JB/T 81—1994	榫槽面	手孔
d	125	JB/T 81—1994	平面	冷却水出口
e	20	JB/T 81—1994	榫槽面	物料出口

序号	图号或标准号	名称	数量	材料	备注
25	JB/T 4712	鞍式支座BⅡ700-F.S	2		
24		补强圈DN70×6	1	Q235-A	
23	JB/T 81-1994	法兰70-2.5	1	Q235	
22		接管φ76×6	1	20	L=160
21	JB/T 81-1994	法兰125-10	2	Q235	
20		接管φ133×4	2	20	
19	JB/T 4736—1995	补强圈DN120×6	2	Q235	
18	JB/T 81—1994	法兰20-25	1	Q235	L=110
17		接管φ25×3	1	20	
16	GB/T 41—1986	螺母M12	8		L=4000
15		换热管φ25×25	360		L=3910
14	GB 9091—1988	筒体DN700×6	1	Q235	
13		折流板δ=6	14	Q215	
12		拉杆φ12	4	Q215	
11		定距管φ25×25	52	10	L=250
10		定距管φ25×25	4	10	L=264
9	JB/T 4736—1995	补强圈DN100×6-D	1	Q235A	
8	JB/T 81—1994	法兰100-25	1	Q235A	
7		接管φ108×4	20		L=160
6		管板δ=40	2	Q235A	
5	JB/T 4710—1992	垫片770×715×3	2	石棉橡胶板	
4	JB/T 4710—1992	法兰P700-16	2	Q235A	
3	GB/T 6170—2000	螺栓M20	64		
2	GB/T 5782—2000	螺栓M20×100	64		
1	JB/T 737—1995	封头DN700×6	2	Q235A	

技术要求

1. 本设备按《钢制管壳式换热器技术条件》和《压力容器安全检查规程》进行制造、试验和验收。
2. 焊缝采用电弧焊，焊条型号:E4303。
3. 焊接接头形式及尺寸除图中注明外，按 GB/T 985.986—1998中规定；角焊缝的腰高按较薄板厚度；法兰的焊缝按相应法兰标准中规定。
4. 筒体、封头及其连接的对接焊缝应进行无损探伤。
5. 管板密封面与筒体轴线垂直，其公差为1mm。
6. 设备制造完毕后，进行压力试验；壳程以2.5MPa(表压)，管程以0.9MPa(表压)进行水压试验，合格后再进行气密试验。
7. 设备试验合格后，外表面涂红丹二度，灰度一度。

图 2-2-29　换热器

3. 归纳总结

经过对图样的详细阅读后，可以将所有的资料进行归纳和总结，从而得出化工设备完整的结构形象，进一步了解设备的结构特点、工作特性、物料的流向和操作原理等。

通过对化工设备图的阅读，对化工设备有一个比较全面、清晰的了解，以便对化工设备进行制造、安装、调试和维检修。

基于阅读化工设备图过程的典型性和专业性，如能在阅读化工设备图的时候，适当地了解该设备的有关设计资料，了解设备在工艺过程中的作用和地位，将有助于对设备设计结构的理解。此外，如能熟悉各类化工设备典型结构的有关知识，熟悉化工设备的常用零部件的结构和有关标准，熟悉化工设备的表达方法和图示特点，必将大大提高读图的速度、深度和广度。

阅读化工设备图的方法步骤，常因读图者的工作性质、实践经验和习惯的不同而各有差异。但对初学者来说，应该有意识按照上述步骤进行学习，逐步提高阅读化工设备图的能力和效率。

三、举例讲解阅读化工设备图

图 2-2-30 是一张在化工生产中常用的设备——计量罐的装配图，现应用化工设备图阅读的方法和步骤，阅读该图样。

1. 概括了解

从主标题栏知道该图名称为计量罐装配图，设备容积为 0.28m^3，绘图比例为 1∶10。

视图为主、俯两个基本视图，主视图上采用了全剖视，另外有 1 个局部剖视图“*A—A*”。图纸的右面有明细栏、管口表、技术特性表，左下方有技术要求等内容。

设备共编了 14 种零部件件号，从明细栏中可知有 11 种标准件。

2. 详细分析

(1) 零部件结构形状　在图 2-2-30 中，筒体（件号 6）和顶、底两个椭圆封头（件号 7)，组成了设备的整个罐体。筒体周围焊有支座（件号 5）三只，管口开在顶封头上 3 个，罐体上 3 个，底封头上 1 个。

“*A—A*”剖视表示管口 e 的详细结构。

(2) 尺寸的阅读　装配图上表示了各主要零部件的定形尺寸。如筒体的直径“ϕ600”、高度“800”和厚度“4”，封头的高度“175”，以及各接管的定形尺寸、定位尺寸等。

图上标注了各零件之间的装配连接尺寸。例如，设备上 3 个支座的螺栓孔中心距为“ϕ722”，这是焊接该部件所必需的安装尺寸。从图上还可读出液面计两管口中心距为“800mm”，设备的总安装高度为 1270mm 等。

(3) 管口的阅读　从管口表知道，该设备共有 a、b、…、$f_{1、2}$ 等 7 个管口，它们的规格、连接的形式、用途均由管口表中可知。各管口与罐体的连接结构可在主视图上看懂。

各管口的方位，以主视图和俯视图为准，从中可看出，a 管口在筒体的正下方；b 管口在筒体的正右方；手孔 c 在顶封头上正左方；d、e 管口在顶封头上右偏前 60°及右偏后 60°处；$f_{1、2}$ 管口是液面计的两个管口，它们位于罐体的正右方；3 个支座均布在筒体上，其中 1 个在正后方，其底面距离底封头上端面高度为 200。

(4) 技术特性表和技术要求的阅读

技术特性表提供了该设备的技术特性数据，例如，设备的工作压力和工作温度分别为：

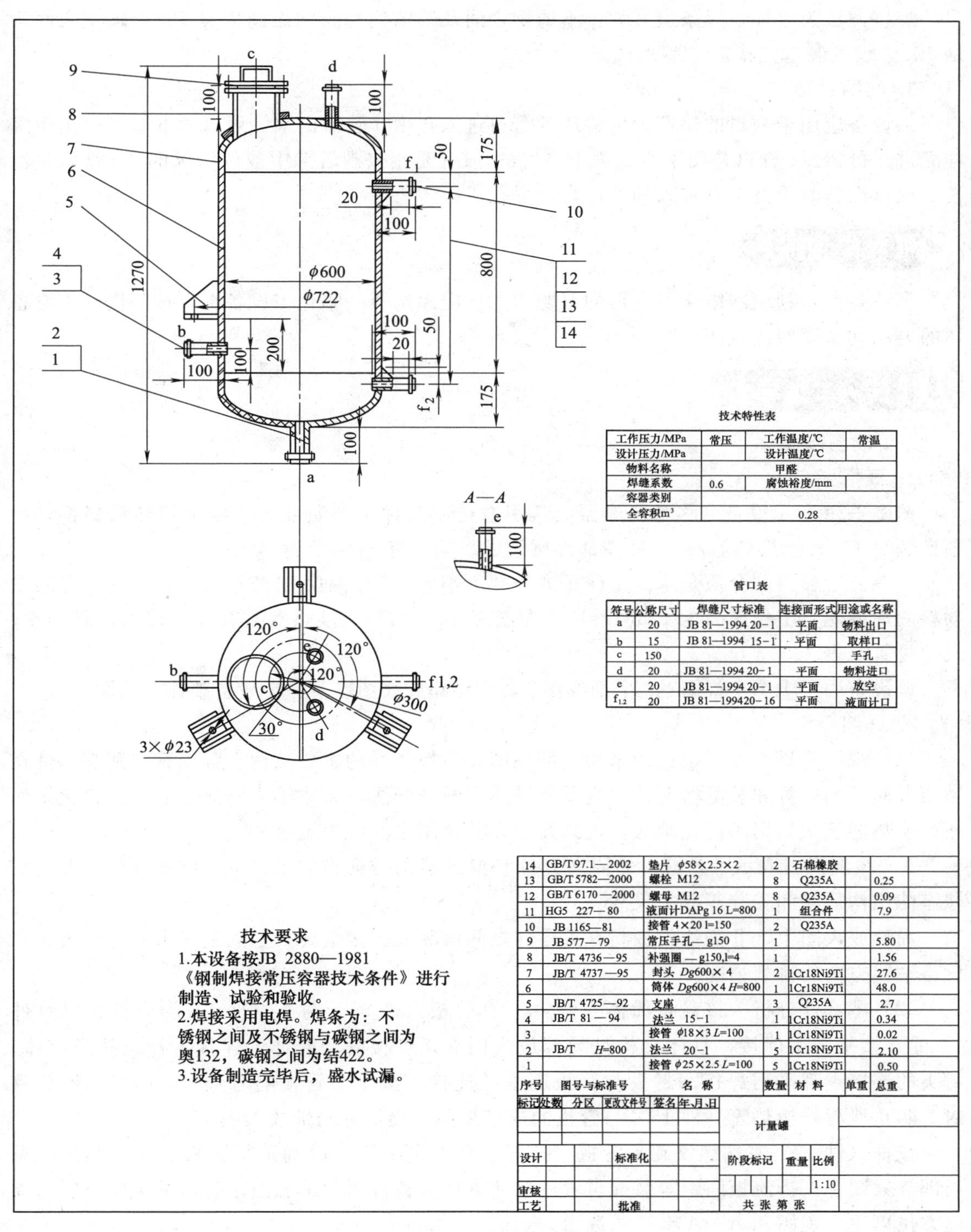

图 2-2-30　计量罐装配图

常温、常压。物料名称为甲醛等。

从图上所注的技术要求中可以了解到以下内容。

该设备制造、试验、验收的技术依据是 JB 2880—1981《钢制焊接常压容器技术条件》。

焊接方法为电焊，焊条型号为：不锈钢之间及不锈钢与碳钢之间为奥 132，碳钢之间为结 422。设备制造完毕后，盛水试漏。

3. 归纳总结

该设备应用于物料的储存，物料从 d 管口进入，由 a 管口出来。可以从 b 管口取出甲醛样品进行分析。e 管口是用来排放罐中空气的。$f_{1、2}$是用来观看罐中液位情况的。c 管口是清洗、检修设备时手携工具进入的部位，即手孔。

【技能训练】

训练要求：利用网络学习平台的习题库、试题库选择一幅化工设备图，按阅读化工设备图的方法和步骤阅读该图。

【任务二指导】

一、读图步骤

1. 概括了解

图 2-2-29 所示设备名称是换热器，其用途是使两种不同温度的物料进行热量交换，绘图比例是 1∶10。换热器由 25 种零部件所组成，其中有 14 种标准件。

换热器管程内的介质是水，工作压力为 0.4MPa，工作温度为 32～37℃；壳程内介质是物料丙烯丙烷，工作压力为 1.6MPa，工作温度 40～44℃，换热器共有 5 个接管，其用途、尺寸见管口表。

该设备用了 1 个主视图、2 个剖视图、2 个局部放大图以及一个设备整体示意图。

2. 详细分析

（1）视图分析　图中主视图采用全剖视图表达换热器的主要结构、各个管口和零部件在轴线方向上的位置和装配情况，主视图还采用了断开画法，省略了中间重复结构，简化了作图；换热器管束采用了简化画法，仅画几根，其余用中心线表示。

A—A 剖视图表示了各管口的周向方位和换热器的排列方式。*B—B* 剖视图补充表达了鞍座的结构形状和安装等有关尺寸。

局部放大图Ⅰ、Ⅱ表达管板与有关零件之间的装配连接情况，示意图用来表达折流板在设备轴线方向的排列情况。

（2）零部件分析　该设备筒体（件 14）和管板（件 6），封头（件 1）和容器法兰（件 4）的连接都采用焊接，具体结构见局部放大图Ⅱ；各接管与壳体的连接，补强圈与筒体、封头的连接也都采用焊接。封头与管板用法兰连接，法兰与管板间有垫片（件 5）形成密封，防止泄漏，换热管（件 15）与管板的连接采用胀接，见局部放大图Ⅰ。

拉杆（件 12）左端螺纹旋入管板，拉杆上套上定距管用以确定折流板之间的距离，见局部放大图Ⅰ。折流板间距等装配位置的尺寸见折流板排列的示意图。管口的轴向位置与周向方位可由主视图和 *A—A* 剖视图读出。

零部件结构形状的分析与阅读一般机械制图中的装配图时一样，应结合明细栏的序号逐个将零部件的投影从视图中分离出来，再弄清其结构形状的大小。对标准化零部件，应查阅相关标准，弄清它们的结构形状和尺寸。

（3）分析工作原理　从管口表可知设备工作时，冷却水自管口 a 进入换热管，由管口 d

流出；温度高的物料从管口 b 流进壳体、经折流板转折流动，与管程内的冷却水进行热量交换后，由管口 e 流出。

(4) 技术特性分析和技术要求的阅读　从图中可知该设备按《钢制管壳式换热器技术要求》等进行制造、试验和验收，并对焊接方法、焊接形式、质量检验提出了要求，制造完后除进行水压试验外，还需进行气密性实验。

3. 归纳总结

由前面的分析可知，该换热器的主体结构由圆柱形筒体和椭圆形封头通过法兰连接构成，其内部有 360 根换热管，并有 14 个折流板。

设备工作时，冷却水走管程，自接管 a 进入换热管，由接管 d 流出；高温物料走壳程，从接管 b 进入壳体，由接管 e 流出。壳程里的物料与管程里的冷却水逆向流动，并通过折流板增加接触时间，从而实现热量交换。

二、注意事项

① 看图时应根据读图的基本要求，着重分析化工设备的零部件装配连接关系、非标准零件的结构形状、尺寸关系以及技术要求。

② 化工设备中结构简单的非标准零件往往没有单独的零件图，而是将零件图与装配图画在一张图纸上。

③ 技术要求要从化工工艺、设备制造及使用方面进行分析。

附录

附录一　化工工艺图中有关的代号和图例及化工设备标准零部件

附表 1　工艺流程图常见的设备图例

设备类型及代号	图　例
塔（T）	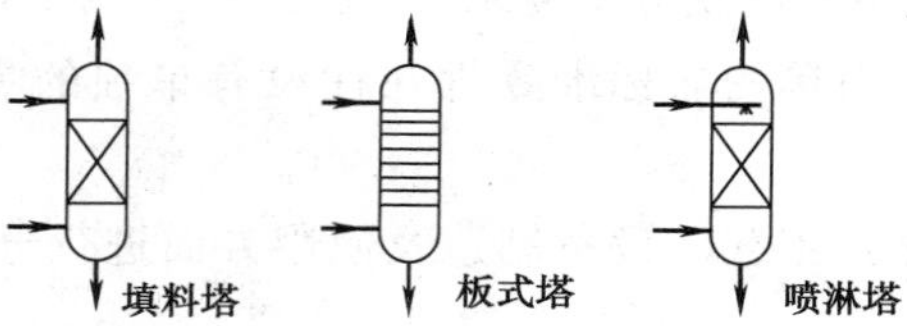 填料塔　板式塔　喷淋塔
反应器（R）	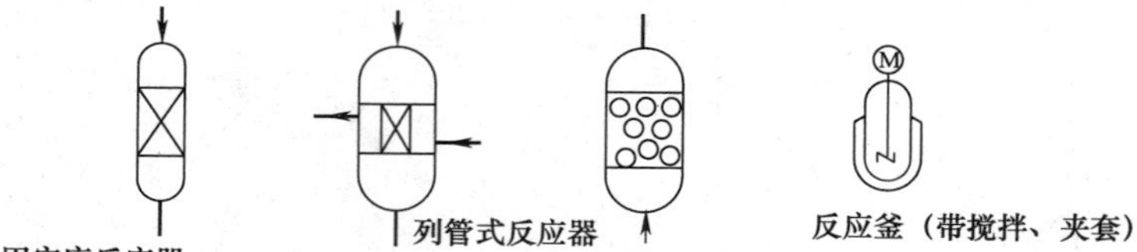 固定床反应器　列管式反应器　液化床反应器　反应釜（带搅拌、夹套）
换热器（E）	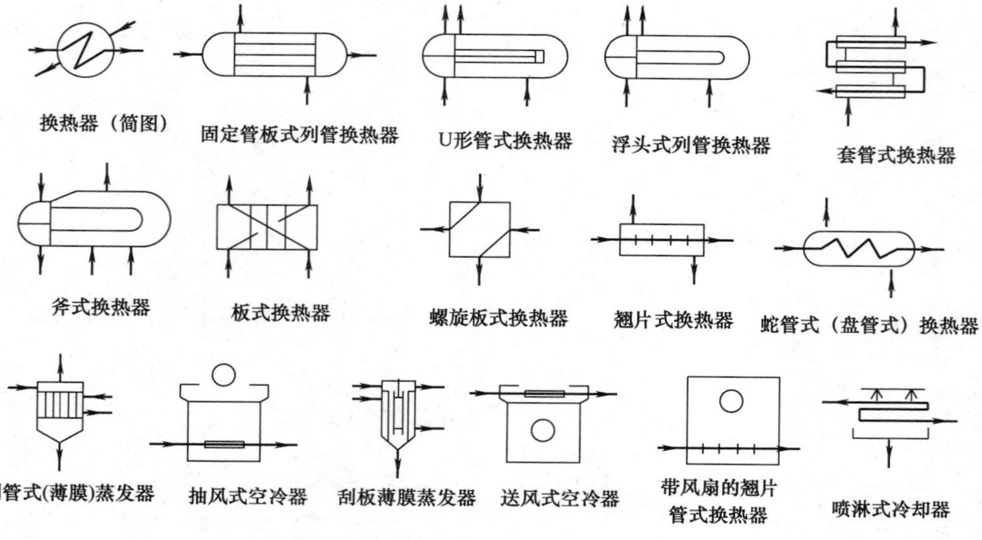 换热器（简图）　固定管板式列管换热器　U形管式换热器　浮头式列管换热器　套管式换热器 釜式换热器　板式换热器　螺旋板式换热器　翘片式换热器　蛇管式（盘管式）换热器 列管式(薄膜)蒸发器　抽风式空冷器　刮板薄膜蒸发器　送风式空冷器　带风扇的翘片管式换热器　喷淋式冷却器

续表

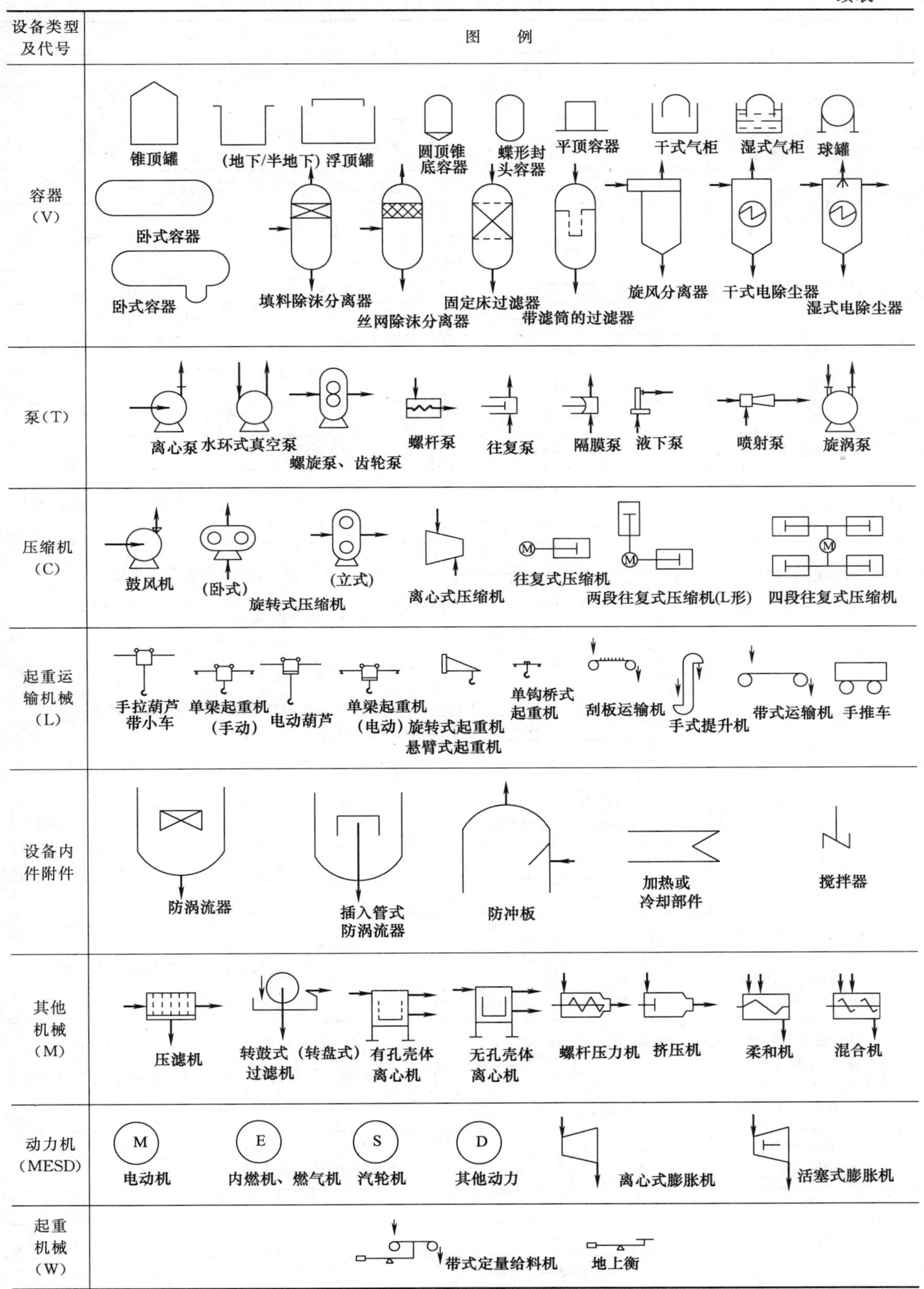
设备类型及代号
图 例
容器（V）
锥顶罐
(地下/半地下) 浮顶罐
圆顶锥底容器
蝶形封头容器
平顶容器
干式气柜
湿式气柜
球罐
卧式容器
卧式容器
填料除沫分离器
丝网除沫分离器
固定床过滤器
带滤筒的过滤器
旋风分离器
干式电除尘器
湿式电除尘器
泵（T）
离心泵
水环式真空泵
螺旋泵、齿轮泵
螺杆泵
往复泵
隔膜泵
液下泵
喷射泵
旋涡泵
压缩机（C）
鼓风机
(卧式)
(立式)
旋转式压缩机
离心式压缩机
往复式压缩机
两段往复式压缩机(L形)
四段往复式压缩机
起重运输机械（L）
手拉葫芦带小车
单梁起重机（手动）
电动葫芦
单梁起重机（电动）
旋转式起重机悬臂式起重机
单钩桥式起重机
刮板运输机
手式提升机
带式运输机
手推车
设备内件附件
防涡流器
插入管式防涡流器
防冲板
加热或冷却部件
搅拌器
其他机械（M）
压滤机
转鼓式（转盘式）过滤机
有孔壳体离心机
无孔壳体离心机
螺杆压力机
挤压机
柔和机
混合机
动力机（MESD）
M
电动机
E
内燃机、燃气机
S
汽轮机
D
其他动力
离心式膨胀机
活塞式膨胀机
起重机械（W）
带式定量给料机
地上衡

附表 2　工艺流程图上管道、管件、阀门和管道附件图例

名　称	图　例	备　注
主物料管道		粗实线
辅助物料管道		中实线
引线、设备、管件、阀门、仪表等图例		细实线
原有管道		管线宽度与其相连的新管线宽度相同
可拆短管		
伴热(冷)管道		
电伴热管道		
夹套管		
管道隔热层		
翅片管		
柔性管		
管道连接		
管道交叉(不相连)		
地面		仅用于绘制地下、半地下设备
管道等级、管道编号分界	××××　××××|××××	××××表示管道编号或管道等级代号
责任范围分界线	××　××|××	WE 随设备成套供应 B. B 买方负责;B. V 制造厂负责 B. S 卖方负责;B. I 仪表专业负责
隔热层分界线	x　x	隔热层分界线的标识字母“x”与隔热层功能类型代号相同
伴管分界线	x　x	类型代号相同
流向箭头		
坡度		
进、出口装置或主项的管道或仪表型号线的图纸接续标志,相应图纸编号填写在空	进 40 3 6 出 3 40 6	尺寸单位:mm 在空心箭头上方注明来或去的设备位号或管道号或仪表位号
同一装置或主项的管道或仪表信号线的图纸接续标志,相应图纸编号填写在空心箭头内	进 10 3 6 出 3 10 6	尺寸单位:mm 在空心箭头上方注明来或去的设备位号或管道号或仪表位号
取样、特殊管(阀)件的编号框	A　SV　SP	A:取样;SV:特殊阀门 SP:特殊管件　圆直径:10mm
闸阀		
截止阀		
节流阀		

续表

名　称	图　例	备　注
球阀		
旋转阀		
隔膜阀		
角式截止阀		
角式节流阀		
角式球阀		
三通截止阀		
三通球阀		
三通旋塞阀		
四通截止阀		
四通旋塞阀		
升降式止回阀		
旋启式止回阀		
蝶阀		
减压阀		
多式弹簧安全阀		闸出口管为水平方向
角式重锤安全阀		阀出口管为水平方向
四通球阀		
流水阀		
底阀		
直流截止阀		
呼吸阀		
阻火器		
消声器		在管道中

续表

名　　称	图　　例	备　　注
消声器		放大气中
限流孔板	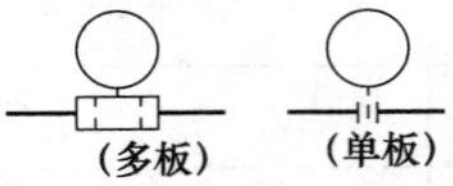 （多板）　（单板）	圆直径 10mm
爆破片		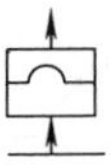 真空式 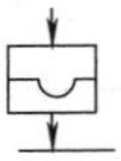　压力式
喷射器	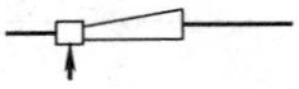	
文氏管		
Y形过滤器	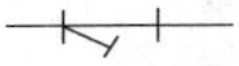	
锥形过滤器	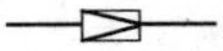	方框 5mm×5mm
T形过滤器	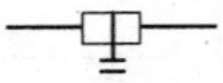	方框 5mm×5mm
管道混合器		
膨胀节	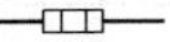	
喷淋管		
焊接连接		仅用于表示设备管口与管道为焊接连接
螺纹管帽		
法兰连接	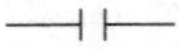	
软管接头		
管端盲板		
管端法兰（盖）		
管帽		

附表3　被测变量及仪表功能字母组合示例

被测变量 体表功能	温度	温差	压力或真空	压差	流量	物料	分析	密度
指示	TC	TdI	PI	PdI	FI	LI	AI	DI
指示、控制	TIC	TdIC	PIC	PdIC	FIC	LIC	AIC	DIC
指示、报警	TIA	TdIA	PIA	PdIA	FIA	LIA	AIA	DIA
指示、开关	TIS	TdIS	PIS	PdIS	FIS	LIS	AIS	DIS
记录	TR	TdR	PR	PdR	FR	LR	AR	DR
记录、控制	TRC	TdRC	PRC	PdRC	FRC	LRC	ARC	DRC
记录、报警	TRA	TdRA	PRA	PdRA	FRA	LRA	ARA	DRA
记录、开关	TRS	TdRS	PRS	PdRS	FRS	LRS	ARS	DRS
控制	TC	TdC	PC	PdC	FC	LC	AC	DC
控制、变速	TCT	TdCT	PCT	PdCT	FCT	LCT	ACT	DCT

附表 4　物料代号

物料代号	物料名称	物料代号	物料名称	物料代号	物料名称
PA	工艺空气	RW	原水、新鲜水	DR	排液、导淋
PG	工艺气体	SW	软水	FSL	熔岩
PGL	气液两相流工艺物料	WW	生产废水	FV	火炬排放气
PGS	气固两相流工艺物料	DO	污油	H	氢
PL	工艺液体	PO	燃料油	HO	加热油
PLS	固液两相流工艺物料	GO	填料油	IG	惰性气
PW	工艺水	LO	润滑油	N	氮
AR	空气	RO	原油	O	氧
CA	压缩空气	SO	密封油	SL	泥浆
IA	仪表空气	AG	气氨	VE	真空排放气
BW	锅炉给水	AL	液氨	VT	放空
CSW	化学污水	ERG	气体乙烯或乙烷	FG	燃料气
CWR	循环冷却水回水	ERL	液体乙烯或乙烷	FL	液体燃料
CWS	循环冷却水上水	FRG	氟利昂气体	FS	固体燃料
DNW	脱盐水	FRL	氟利昂液体	NG	天然气
DW	饮用水、生活用水	PRG	气体丙烯或丙烷		
FW	消防水	PRL	液体丙烯或丙烷		
HWR	热水回水	RWR	冷冻盐水回水		
HWS	热水上水	RWS	冷冻盐水上水		

附表 5　被测变量和功能仪表的字母代号

字母	首位字母		后继字母	字母	首位字母		后继字母
	被测变量或初始变量	修饰词	功能		被测变量或初始变量	修饰词	功能
A	分析		报警	N	供选用		供选用
B	喷嘴、火焰		供选用	O	供选用		节流孔
C	电导率		控制	P	压力、真空		连接或测量点
D	密度	差		Q	数量	计算、累计	
E	电压		检出元件	R	核辐射		记录、DCS趋势记录
F	流量	比率(比值)		S	速度、频率	安全	开关(联锁)
G	毒性气体或可燃气体		视镜、观察	T	温度		传递(变送)
H	手动			U	多变量		多功能
I	电流		指示	V	震动、机械监控		阀、挡板、百叶窗
J	功率	扫描		W	质量、力		套管
K	时间、时间程序		自动-手动操作器	X	未分类		未分类
L	物位		信号	Y	事件、状态		继动器(继电器)计算器、转换器
M	水分或湿度	瞬动		Z	位置、尺寸		驱动器、执行元件

附表 6 椭圆形封头（摘自 JB/T 4737） mm

以内径为公称直径的封头

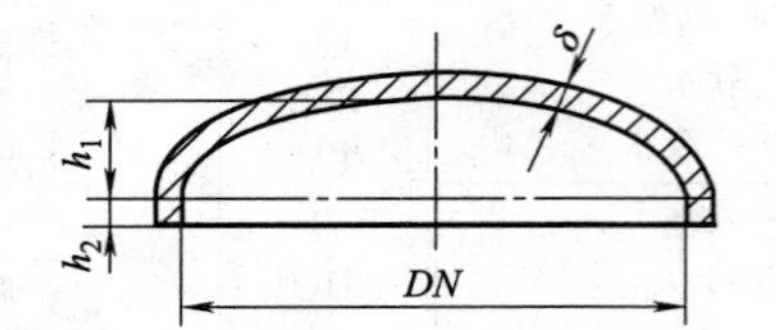

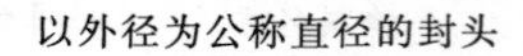
以外径为公称直径的封头

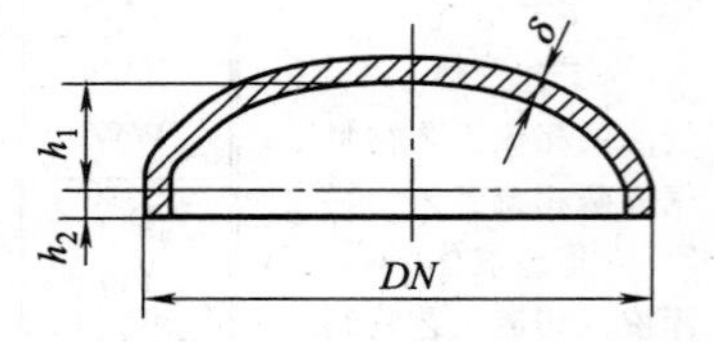

以内径为公称直径的封头

公称直径（DN）	曲面高度（h_1）	直边高度（h_2）	厚度（δ）	公称直径（DN）	曲面高度（h_1）	直边高度（h_2）	厚度（δ）
300	75	25	4～8	1100	275	25	6～8
350	88					40	10～18
400	100	25	4～8			50	20～24
		40	10～16	1200	300	25	6～8
450	112	25	4～8			40	10～18
		40	10～18			50	20～34
500	125	25	4～8	1300	325	25	6～8
		40	10～18			40	10～18
		50	20			50	20～24
550	137	25	4～8	1400	350	25	6～8
		40	10～18			40	10～18
		50	20～22			50	20～38
600	150	25	4～8	1500	375	25	6～8
		40	10～18			40	10～18
		50	20～24			50	20～24
650	162	25	4～8	1600	400	25	6～8
		40	10～18			40	10～18
		50	20～24			50	2～42
700	175	25	4～8	1700	425	25	8
		40	10～18			40	10～18
		50	20～24			50	20～24
750	188	25	4～8	1800	450	25	8
		40	10～18			40	10～18
		50	20～26			50	20～50
800	200	25	4～8	1900	475	25	8
		40	10～18			40	10～18
		50	20～26	2000	500	25	8
900	225	25	4～8			40	10～18
		40	10～18			50	20～50
		50	20～28	2100	525	40	10～14
1000	250	25	4～8	2200	550	25	8,9
		40	10～18			40	10～18
		50	20～30			50	20～50

以外径为公称直径的封头

公称直径（DN）	曲面高度（h_1）	直边高度（h_2）	厚度（δ）	公称直径（DN）	曲面高度（h_1）	直边高度（h_2）	厚度（δ）
159	40	25	4～8	325	81	25	8
219	55					25	10～12
273	68	25	4～8	377	94	40	10～14
		40	10～12	426	105		

注：厚度 δ 系列 4～50 之间 2 进位。

附表 7 管路法兰及垫片

凸面板式平焊钢制管法兰(摘自 JB/T 81—1994)

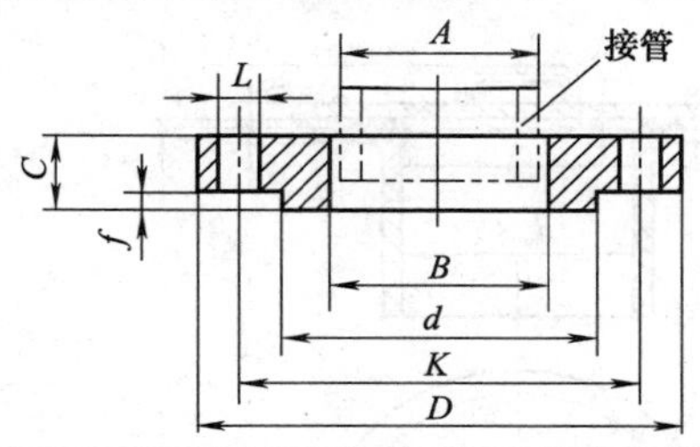

管法兰用石棉橡胶垫片(摘自 JB/T 87—1994)

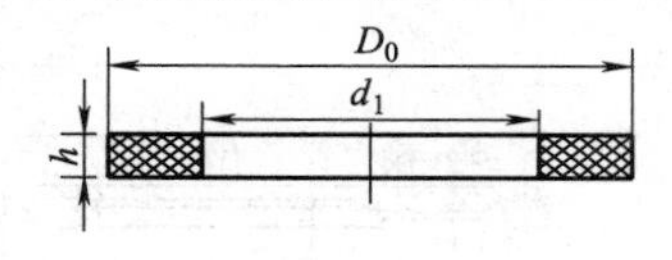

<table>
<tr><td colspan="17">凸面板式平焊钢制管法兰/mm</td></tr>
<tr><td>PN/MPa</td><td>公称直径(DN)</td><td>10</td><td>15</td><td>20</td><td>25</td><td>32</td><td>40</td><td>50</td><td>65</td><td>80</td><td>100</td><td>120</td><td>150</td><td>200</td><td>250</td><td>300</td></tr>
<tr><td colspan="17">直径/mm</td></tr>
<tr><td rowspan="3">0.25
0.6
1.0
1.6</td><td>管子外径(A)</td><td>14</td><td>18</td><td>25</td><td>32</td><td>38</td><td>45</td><td>57</td><td>73</td><td>89</td><td>108</td><td>133</td><td>159</td><td>219</td><td>273</td><td>325</td></tr>
<tr><td>法兰内径(B)</td><td>15</td><td>19</td><td>26</td><td>33</td><td>39</td><td>46</td><td>59</td><td>75</td><td>91</td><td>110</td><td>135</td><td>161</td><td>222</td><td>276</td><td>328</td></tr>
<tr><td>密封面厚度(f)</td><td>2</td><td>2</td><td>2</td><td>2</td><td>2</td><td>3</td><td>3</td><td>3</td><td>3</td><td>3</td><td>3</td><td>3</td><td>3</td><td>3</td><td>4</td></tr>
<tr><td rowspan="3">0.25
0.6</td><td>法兰外径(D)</td><td>75</td><td>80</td><td>90</td><td>100</td><td>120</td><td>130</td><td>140</td><td>160</td><td>190</td><td>210</td><td>240</td><td>265</td><td>320</td><td>375</td><td>440</td></tr>
<tr><td>螺栓中心直径(K)</td><td>50</td><td>55</td><td>65</td><td>75</td><td>90</td><td>100</td><td>110</td><td>130</td><td>150</td><td>170</td><td>200</td><td>225</td><td>280</td><td>335</td><td>395</td></tr>
<tr><td>密封面直径(d)</td><td>32</td><td>40</td><td>50</td><td>60</td><td>70</td><td>80</td><td>90</td><td>110</td><td>125</td><td>145</td><td>175</td><td>200</td><td>255</td><td>310</td><td>362</td></tr>
<tr><td rowspan="3">1.0
1.6</td><td>法兰外径(D)</td><td>90</td><td>95</td><td>105</td><td>115</td><td>140</td><td>150</td><td>165</td><td>185</td><td>200</td><td>220</td><td>250</td><td>285</td><td>340</td><td>395</td><td>445</td></tr>
<tr><td>螺栓中心直径(K)</td><td>60</td><td>65</td><td>75</td><td>85</td><td>100</td><td>110</td><td>125</td><td>145</td><td>160</td><td>180</td><td>210</td><td>240</td><td>295</td><td>350</td><td>400</td></tr>
<tr><td>密封面直径(d)</td><td>40</td><td>45</td><td>55</td><td>65</td><td>78</td><td>85</td><td>100</td><td>120</td><td>135</td><td>155</td><td>185</td><td>210</td><td>265</td><td>320</td><td>368</td></tr>
<tr><td colspan="17">厚度/mm</td></tr>
<tr><td>0.25</td><td rowspan="4">法兰厚度(C)</td><td>10</td><td>10</td><td>12</td><td>12</td><td>12</td><td>12</td><td>12</td><td>14</td><td>14</td><td>14</td><td>14</td><td>16</td><td>18</td><td>22</td><td>22</td></tr>
<tr><td>0.6</td><td rowspan="2">12</td><td rowspan="2">12</td><td rowspan="2">14</td><td rowspan="2">14</td><td rowspan="2">16</td><td>16</td><td>16</td><td>16</td><td>18</td><td>18</td><td>20</td><td>20</td><td>22</td><td>24</td><td>24</td></tr>
<tr><td>1.0</td><td>18</td><td>18</td><td>20</td><td>20</td><td>22</td><td>24</td><td>24</td><td>24</td><td>26</td><td>28</td></tr>
<tr><td>1.6</td><td>14</td><td>14</td><td>16</td><td>18</td><td>18</td><td>20</td><td>22</td><td>24</td><td>24</td><td>26</td><td>28</td><td>28</td><td>30</td><td>32</td><td>32</td></tr>
<tr><td colspan="17">螺栓/mm</td></tr>
<tr><td>0.25</td><td rowspan="3">螺栓数量(n)</td><td rowspan="3">4</td><td rowspan="3">4</td><td rowspan="3">4</td><td rowspan="3">4</td><td rowspan="3">4</td><td rowspan="3">4</td><td rowspan="3">4</td><td rowspan="3">4</td><td>4</td><td>4</td><td rowspan="3">8</td><td rowspan="3">8</td><td>8</td><td rowspan="3">12</td><td rowspan="3">12</td></tr>
<tr><td>0.6</td><td>4</td><td>8</td><td>8</td></tr>
<tr><td>1.6</td><td>8</td><td>8</td><td>12</td></tr>
<tr><td rowspan="2">0.25
0.6</td><td>螺栓孔直径(L)/mm</td><td>12</td><td>12</td><td>12</td><td>12</td><td>14</td><td>14</td><td>14</td><td colspan="2">14
18</td><td>18</td><td>18</td><td>18</td><td>18</td><td>18</td><td>23</td></tr>
<tr><td>螺栓规格</td><td>M10</td><td>M10</td><td>M10</td><td>M10</td><td>M12</td><td>M12</td><td>M12</td><td>M12</td><td>M16</td><td>M16</td><td>M16</td><td>M16</td><td>M16</td><td>M16</td><td>M20</td></tr>
<tr><td rowspan="2">1.0</td><td>螺栓孔直径(L)/mm</td><td>14</td><td>14</td><td>14</td><td>14</td><td>18</td><td>18</td><td>18</td><td>18</td><td>18</td><td>18</td><td>18</td><td>23</td><td>23</td><td>23</td><td>23</td></tr>
<tr><td>螺栓规格</td><td>M12</td><td>M12</td><td>M12</td><td>M12</td><td>M16</td><td>M16</td><td>M16</td><td>M16</td><td>M16</td><td>M16</td><td>M16</td><td>M20</td><td>M20</td><td>M20</td><td>M20</td></tr>
<tr><td rowspan="2">1.6</td><td>螺栓孔直径(L)/mm</td><td>14</td><td>14</td><td>14</td><td>14</td><td>18</td><td>18</td><td>18</td><td>18</td><td>18</td><td>18</td><td>18</td><td>23</td><td>23</td><td>26</td><td>26</td></tr>
<tr><td>螺栓规格</td><td>M12</td><td>M12</td><td>M12</td><td>M12</td><td>M16</td><td>M16</td><td>M16</td><td>M16</td><td>M16</td><td>M16</td><td>M16</td><td>M20</td><td>M20</td><td>M24</td><td>M24</td></tr>
<tr><td colspan="17">管法兰用石棉橡胶垫片/mm</td></tr>
<tr><td>0.25,0.6</td><td rowspan="3">垫片外径(D₀)</td><td>38</td><td>43</td><td>53</td><td>63</td><td>76</td><td>86</td><td>96</td><td>116</td><td>132</td><td>152</td><td>182</td><td>207</td><td>262</td><td>317</td><td>372</td></tr>
<tr><td>1.0</td><td rowspan="2">46</td><td rowspan="2">51</td><td rowspan="2">61</td><td rowspan="2">71</td><td rowspan="2">82</td><td rowspan="2">92</td><td rowspan="2">4107</td><td rowspan="2">127</td><td rowspan="2">142</td><td rowspan="2">4168</td><td rowspan="2">194</td><td rowspan="2">4217</td><td rowspan="2">272</td><td>327</td><td>377</td></tr>
<tr><td>1.6</td><td>330</td><td>385</td></tr>
<tr><td colspan="2">垫片内径(d₁)</td><td>14</td><td>18</td><td>25</td><td>32</td><td>38</td><td>45</td><td>57</td><td>76</td><td>89</td><td>108</td><td>133</td><td>159</td><td>219</td><td>237</td><td>325</td></tr>
<tr><td colspan="2">垫片厚度(h)</td><td colspan="15">2</td></tr>
</table>

附表 8　人孔与手孔

常压人孔(摘自 JB/T 577—1979)　　　　平盖手孔(摘自 JB/T 587—1979)

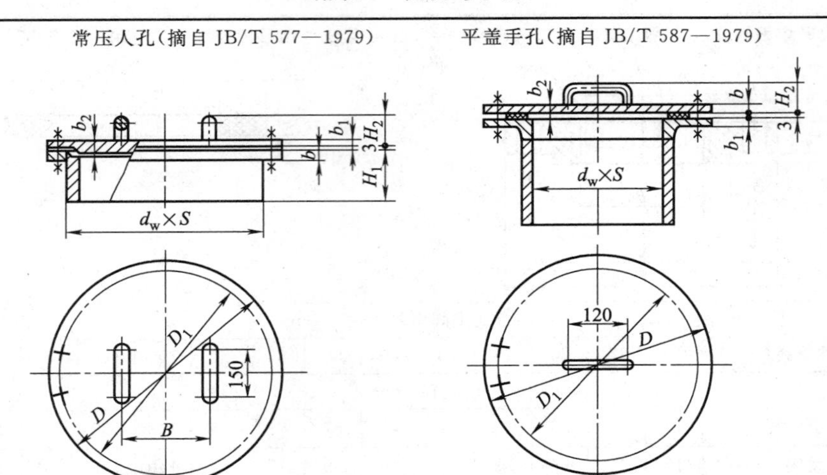

公称压力/MPa	公称直径(DN)/mm	$d_w \times S$/mm	D/mm	D_1/mm	b/mm	b_1/mm	b_2/mm	H_1/mm	H_2/mm	B/mm	螺栓 数量	螺栓 规格/mm
常压人孔												
常压	450	480×6	570	535	14	10	12	160	90	250	20	M16×50
	500	530×6	620	585								
	600	630×6	720	685	16	12	14	180	92	300	24	
平盖手孔												
1.0	150	159×4.5	280	240	24	16	18	160	82	—	8	M20×65
	250	480×6	390	350	26	16	20	190	84	—	12	M20×70
1.6	150	159×6	280	240	28	18	20	170	84	—	8	M20×70
	250	273×8	405	355	32	24	26	200	90	—	12	M22×85

附表 9　补强圈（摘自 JB/T 4736）　　　　mm

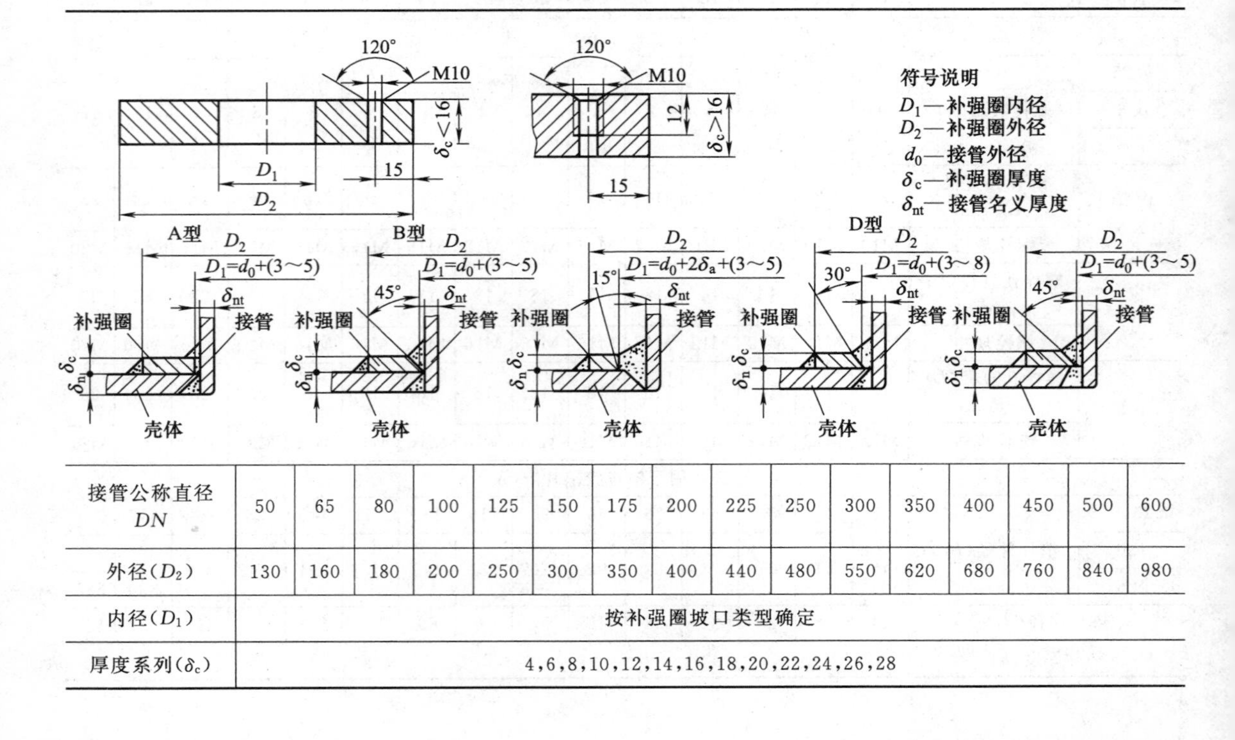

接管公称直径 DN	50	65	80	100	125	150	175	200	225	250	300	350	400	450	500	600
外径(D_2)	130	160	180	200	250	300	350	400	440	480	550	620	680	760	840	980
内径(D_1)	按补强圈坡口类型确定															
厚度系列(δ_c)	4,6,8,10,12,14,16,18,20,22,24,26,28															

附表 10　耳式支座（摘自 JB/T 4725）　　mm

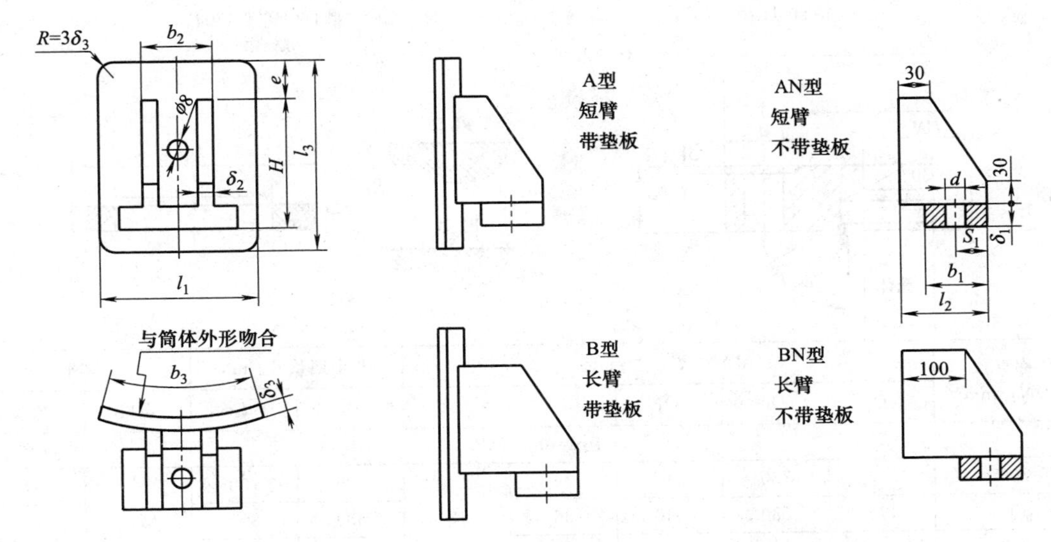

支座号			1	2	3	4	5	6	7	8
支座本体允许载荷/kN			10	20	30	60	100	150	200	250
适用器公称直径（DN）			300～600	500～1000	700～1400	1000～2000	1300～2600	1500～3000	1700～3400	2000～4000
高度（H）			125	160	200	250	320	400	480	600
底板	l_1		100	125	160	200	250	315	375	480
	b_1		60	80	105	140	180	230	280	360
	δ_1		6	8	10	14	16	20	22	26
	S_1		30	40	50	70	90	115	130	145
肋板	l_2	A、AN 型	80	100	125	160	200	150	300	380
		B、BN 型	160	180	205	290	330	380	430	510
	δ_2	A、AN 型	4	5	6	8	10	12	14	16
		B、BN 型	5	6	8	10	12	14	16	18
	b_2		80	100	125	160	200	250	300	380
垫板	l_3		160	200	250	315	400	500	600	720
	b_3		125	160	200	250	320	400	480	600
	δ_3		6	6	8	8	10	12	14	16
	e		20	24	30	40	48	60	70	72
地脚螺栓	d		24	24	30	30	30	36	36	36
	规格		M20	M20	M24	M24	M24	M30	M30	M30

附表 11 设备法兰及垫片

甲型平焊法兰(平密封面)
摘自(JB/T 4701)

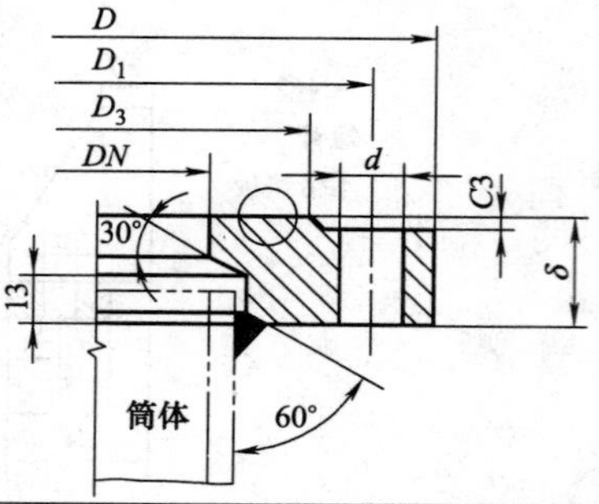

非金属垫片
摘自(JB/T 4704)

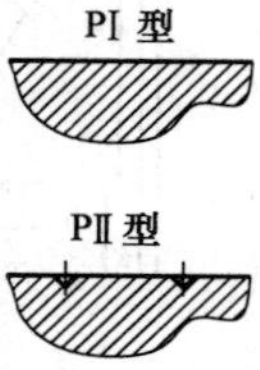

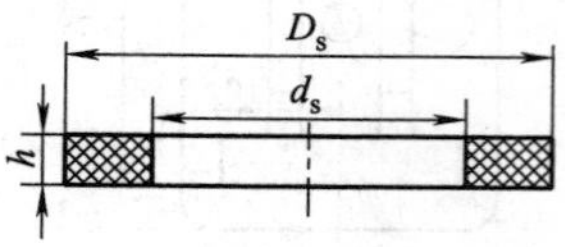

公称直径 (DN)/mm	甲型平焊法兰/mm					非金属垫片/mm		螺栓	
	D	D_1	D_3	δ	d	D_s	d_s	规格	数量
PN=0.25MPa									
700	815	780	740	36	18	739	703	M16	28
800	115	880	840	36		839	803		32
900	1015	980	940	40		939	903		36
1000	1030	1090	1045	40	23	1044	1004	M20	32
1200	1330	1290	1241	44		1240	1200		36
1400	1530	1490	1441	46		1440	1400		40
1600	1730	1690	1641	50		1640	1600		48
1800	1930	1890	1841	56		1840	1800		52
2000	2130	2090	2041	60		2040	2000		60
PN=0.6MPa									
500	615	580	540	30	18	539	503	M16	20
600	715	680	640	32		639	603		24
700	830	790	745	36	23	744	704	M20	24
800	930	890	845	40		844	804		24
900	1030	990	945	44		944	904		32
1000	1130	1090	1045	48		1044	1004		36
1200	1330	1290	1241	60		1240	1200		52
PN=1.0MPa									
300	415	380	340	26	18	339	303	M16	16
400	515	480	440	30		439	403		20
500	630	590	545	34	23	544	504	M20	20
600	730	690	645	40		644	604		24
700	830	790	745	46		744	704		32
800	930	890	845	54		844	804		40
900	1030	990	945	60		944	904		48
PN=1.6MPa									
300	415	380	340	26	23	339	303	M20	16
400	515	480	440	30		439	403		20
500	630	590	545	34		544	504		28
600	730	690	645	40		644	604		40

附表 12　鞍式支座（摘自 JB/T 4712）　　mm

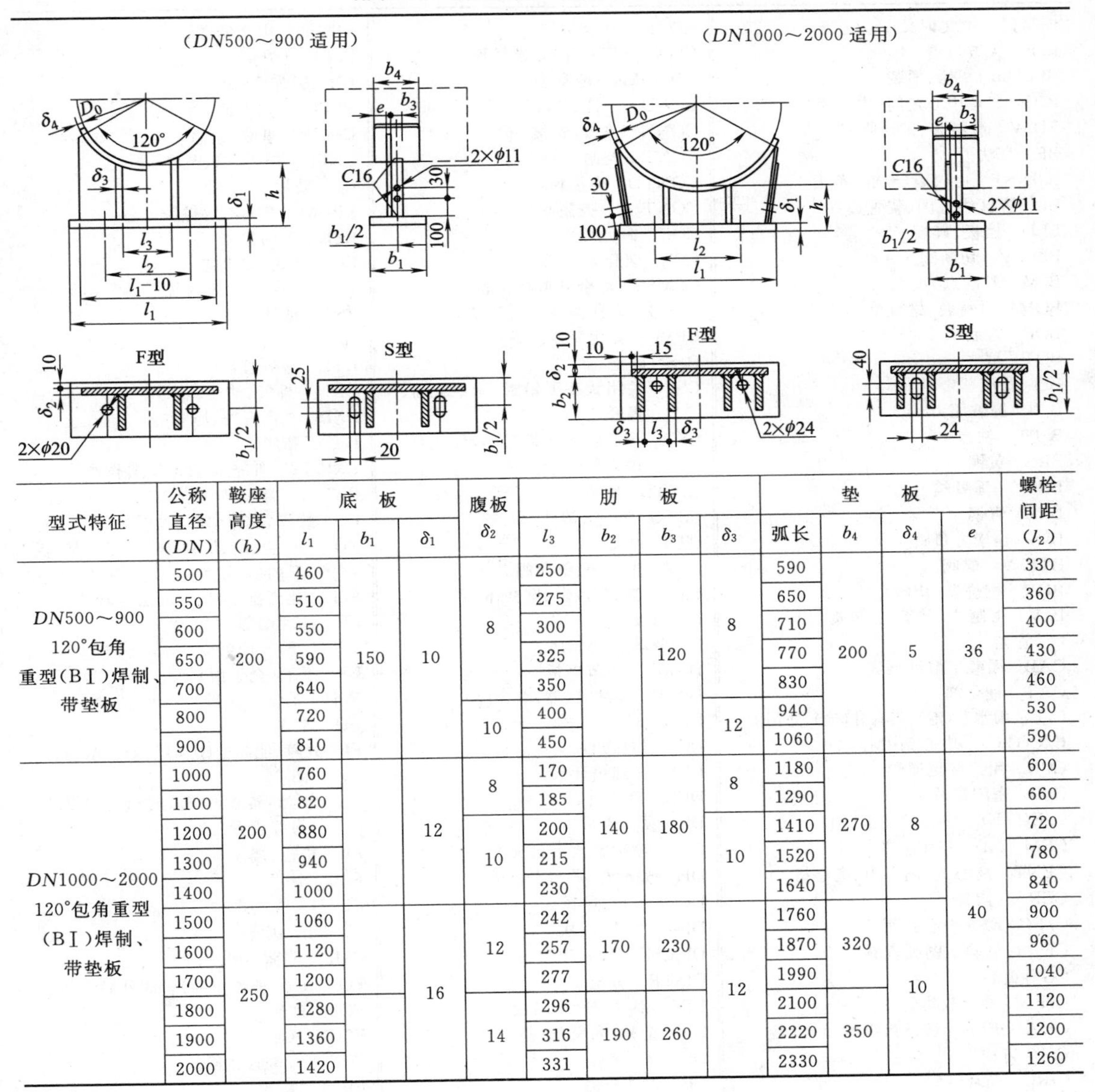

型式特征	公称直径（DN）	鞍座高度（h）	底板 l_1	底板 b_1	底板 δ_1	腹板 δ_2	肋板 l_3	肋板 b_2	肋板 b_3	肋板 δ_3	垫板 弧长	垫板 b_4	垫板 δ_4	垫板 e	螺栓间距（l_2）
DN500～900 120°包角重型（BⅠ）焊制、带垫板	500	200	460	150	10	8	250		120	8	590	200	5	36	330
	550		510				275				650				360
	600		550				300				710				400
	650		590				325				770				430
	700		640				350				830				460
	800		720			10	400			12	940				530
	900		810				450				1060				590
DN1000～2000 120°包角重型（BⅠ）焊制、带垫板	1000	200	760		12	8	170	140	180	8	1180	270	8	40	600
	1100		820				185				1290				660
	1200		880			10	200			10	1410				720
	1300		940				215				1520				780
	1400		1000				230				1640				840
	1500	250	1060		16	12	242	170	230	12	1760	320	10		900
	1600		1120				257				1870				960
	1700		1200				277				1990				1040
	1800		1280			14	296	190	260		2100	350			1120
	1900		1360				316				2220				1200
	2000		1420				331				2330				1260

附录二　化工工艺流程图常用缩写词

缩写词　中文词义

A　气力(空气)驱动
A　分析
ABS　绝对的
ABS　丙烯腈-丁二烯-苯乙烯
ABS. EL　绝对标高
ACF　先期确认图纸资料
ADPT　连接头
AFC　批准用于施工
AFD　批准用于设计
AFP　批准用于规划设计
AGL　角度
AGL. V　角阀(角式截止阀)
ALT　高度、海拔
ALUM　铝
ALY. STL　合金钢
AMT　总量、总数
APPROX　近似的
ASB　石棉
ASPH　沥青
A. S. S　奥氏体不锈钢
ATM　大气、大气压
AUTO　自动的
AVG　平均的、平均值
B　买方、买主
BAR　气压计、气压表
BA. V　球阀
BIB(B-B)　背至背

续表

缩写词	中文词义
B. B	买方负责
BBL(bbl)	桶、桶装
B. C	二者中心之间(中心距)
BD. V	泄料阀、排污阀
BF	盲法兰
B. INST	由仪表(专业)负责
BL	界区线范围、装置边界
BLD	挡板、盲板
BLC. V	切断阀
B. M	基准点、水准
BOM	材料表、材料单
BOP	管底
BOT	底
BP	背压
B. P	爆破压力
B. PT	沸点
BRS	黄铜
BR. V	呼吸阀
BRZ	青铜
B. S	由卖方负责
BTF. V	蝶阀
BUR	燃烧器、烧嘴
B. V	由制造厂(卖主)负责
C	管帽
CAB	醋酸丁酸纤维素
CAT	催化剂
C. B	雨水井(池)、集水井(池)、滤污器
C/C(C-C)	中心到中心
CCN	用户变更通知
C. D	密闭排放
C/E(C-E)	中心到端头(面)
CEM LND	衬水泥的
CENT	离心式、离心力、离心机
CERA	陶瓷
C/F(C-F)	中心到面
CF	最终确认图纸资料
CG	重心
CH	冷凝液收集管
CHA. OPER	链条操纵的
C. I	铸铁
CIRC	循环
CIRE	圆周
C. L(ϕ)	初中心线
CL	等级
CLNC	间距、容积、间隙
CND	水管、导管、管道
CNDS	冷凝液
C. O	清扫(口)、清除(口)
COD	接续图
COEF	系数
COL	塔、柱、列
COMB	组合、联合
COMBU	燃烧
COMPR	压缩机
CONC	同心的
CONC	混凝土
CONC. RED	同心异径管
CONDEN	冷凝器
COND	条件、情况
CONN	连接、管接头
CONT	控制
CONTD	连接、续
CONT. V	控制阀
COP	铜、紫铜
CPE	氯化聚乙烯
CPMSS	综合管道材料表
CPLG	联轴器、管箍、管接头
CPVC	氯化聚氯乙烯
C. S	碳钢
CSC	关闭状态下铅封(未经允许不得开启)
CSO	开启状态下铅封(未经允许不得关闭)
C. STL	铸钢
CSTG	铸造、铸件、灌注
CTR	中心
C. V	止回阀、单向阀
CYL	钢瓶、汽缸、圆柱体
D	密度
D	驱动机、发动机
DAMP	调节挡板
DA. P	缓冲筒(器)
DBL	双、复式的
DC	设计条件
DDI	详细设计版
DEG	度、等级
DF	设计流量
D. F	喷嘴式饮水龙头
DH	分配管(蒸汽分配管)
DIA	直径、通径
DIM	尺寸、因次
DISCH	排料、出口、排出
DISTR	分配
DIV	部分、分割、隔板
DN	公称(名义)通径
DN	下
DP	设计压力
D. PT	露点
DP. V	隔膜阀
DR	驱动、传动
DRN	排放、排水、排液
DSGN	设计
DSSS	设计规定汇总表
DT	设计温度
DV. V	换向阀
DWG	图纸、制图
DWG NO	图号
E	东
E	内燃机
E	燃气机
ECC	偏心的、偏心器(轮、盘、装置)
ECC RED	偏心异径管
E. F	电炉
EL	标高、立面
ELEC	电、电的
EMER	事故、紧急
ENCL	外壳、罩、围墙
EP	防爆
EPDM	三元乙丙橡胶
EPR	乙丙橡胶
EQ	公式、方程式
E. S. S	紧急关闭系统
EST	估计
etc	等
ETL	有效管长
EXH	排气、抽空、取尽
EXIST	现有的、原有的
EXP	膨胀
EXP. JT	伸缩器、膨胀节、补偿器
FBT. V	罐底排污阀
FC	故障(能源中断)时阀关闭
FD	法兰式的和碟形的(圆板形的)
F. D	地面排水口、地漏法兰端部
FE	法兰端部
F/F(F-F)	面到面
FF	平面(全平面)
F. H	消防水龙带
FH	平盖
FI	故障(能源中断)时间处任意位置
FIG	图
FL	故障(能源中断)时阀保持原位(最终位置)
FL	楼板、楼面
FLG	法兰
FLGD	法兰式的
FL. PT	闪点
FMF	凹面
FO	故障(能源中断)时阀开启
FOB	底平
FOT	顶平
FPC. V	翻板止回阀
FPRF	防火
F. PT	冰点
FS	冲洗源
F. STL	锻钢
FS. V	冲洗阀
FTF	管件直连
FTG	管件
FT. V	底阀
F. W.	现场焊接
G(GENR)	发电机、动力发生机、发生器
GALV	电镀、镀锌
G. CI	灰铸铁
GEN	一般的、通用的、总的
GL	玻璃
G. L	地面标高

续表

缩写词	中文词义
GL. V	截止阀
G. OPER	齿轮操作器
GOV	调速器
GR	等级、度
GRD	地面
GRP	组、类、群
GR. WT	总(毛)重
GS	气体源
GSKT	垫片、密封垫
G. V	闸阀
H	高
HA. P	手摇泵
HAZ	热影响区
H. C	手工操作(控制)
HC	软管连接、软管接头
H. C. S	高碳钢
HCV	手动控制阀
HDR	总管、主管、集合管
HH	手孔
HH	最高(较高)
HLL	高液位
HOR	水平的、卧式的
H. P	高压
HPT	高点
HS	软管站(公用工程站、公用物料站)
HS	液压源
HS. C. 1	高硅铸铁
HS. V	软管阀
HT	高温
HTR	加热器(炉)
HYR	液压操纵器
ID	内径
i. e	即、也就是
IGR	点火器
INL. PMP	管道泵
IN	进口、入口
IN	输入
INS	隔热、绝缘、隔离
INST	仪表、仪器
INSTL	装置、安装
IN ST. V	仪表阀
INTMT	间歇的、断续的
IS. B. L	装置边界内侧
JOB NO	项目号
KR	转向半径
L	长度、段、节、距离
L	低
LN. BLD	管道盲板
LNB. V	管道盲板阀
LC	关闭状态下加锁(锁闭)
L. C. S	低碳钢
LC. V	升降式止回阀
LEP	大端为平的
LET	大端带螺纹
LG	玻璃管(板)液位计
LIQ	液体
LJF	拉套法兰
LL	最低(较低)
LLL	低液位
LND	衬里
LO	开启状态下加锁(锁开)
L. P	低压
LPT	低点
L. R	载荷比
LR	长半径
LTR	符号、字母、信
LUB	润滑油、润滑剂
M	电动机、电动执行机构
MACH	机器
MATL	材料、物质
MAX	最大的
M. C. S	中碳钢孔
M. DL(M)	中间的、中等的、正中、当中
MF	图面
MH	人孔
M. I	可锻铸铁
MIN	最小的
M. L	接续的
MOL WT	分子量
MOV	电动阀
M. P	中压
M. S. S	马氏体不锈钢
MTD	平均温差
MTO	材料统计
MW	最小壁厚
M. W	矿渣棉
N	北
NB	公称孔径
NC	美国标准粗牙螺纹
N. C	正常状态下关闭
N. C. 1	球墨铸铁
NF	美国标准细牙螺纹
NIL	正常界面
NIP	管接头、螺纹管接头
NLL	正常液位
N. O	正常状态下开启
NOM	名义上的、公称的、额定的
NO. PKT	不允许出现袋形
NOR	正常的、正规的、标准的
NOR	喷嘴、接管嘴
NPS	国标管径
NPS	美国标准直管螺纹
NPSHA	净(正)吸入压头有效值
NPSHR	净(正)吸入压头必需值
NPT	美国标准锥管螺纹
NS	氮源
NUM	号码、数目
N. V	针形阀
OC	操作条件、工作条件
OD	外径
OET	一端制成螺纹(一端带螺纹)
OF	操作流量、工作流量
O/O(O-O)	总尺寸、外廓尺寸
OOC	坐标原点
OP	操作压力、工作压力
OPER	操作的、控制的、工作的
OPP	相对的、相反的
OR	外半径
ORF	孔板、小孔
OS. B. L	装置边界外侧
OT	操作温度、工作温度
PA	聚酰胺
PAP	管道布置平面
PAR	平行的、并联的
PARA	段、节、款
PB	聚丁烯
PB	按钮
PB STA	控制(按钮站)
PC	聚碳酸酯
PE	平端
PE	聚乙烯
P. F	永久过滤器
PF	平台、操作台
PFD	工艺流程图
PG	塞子、丝堵、栓
PI	交叉点
P&ID	管道仪表流程图
P. IR	生铁
PL	板、盘
PLS	塑料
PMMA	聚甲基丙烯酸甲酯
PN	公称压力
PNEU	气动的、气体的
PN. V	夹套式胶管阀(用于泥浆粉尘等)
PO	聚烯烃
POS	支承点
PP	聚丙烯
P. PROT	人员保护
PRESS(P)	压力
PS	聚苯乙烯
P. SPT	管架
PSR	项目进展情况报告
PSSS	订货单、采购说明汇总表
PT	点
PTFE	聚四氟乙烯
PT. V	柱塞阀
P. V	旋塞阀
PVC	聚氯乙烯
PVC LND	聚氯乙烯衬里
PVDF	聚偏二氟乙烯
Q CPLG	快速接头
QC. V	快闭阀
QO. V	快开阀
QTY	数量

续表

缩写词	中文词义
R	半径
RAD	辐射器、散热器
R. C	棒桶口(孔)
RECP	储罐、容器、仓库
RED	异径管、减压器、还原器
REGEN	再生器
PEV	修改
RF	突面
RFS	光滑突面
R. H.	相对湿度
RJ	环形接头(环接)
RL. V	泄压阀
RO	限流孔板
RP	爆破片
RS	升杆式(明杆)
RSP	可拆卸短管(件)
RUB LND	衬橡胶
RV	减压阀
S	取样口、取样点
S	卖方、卖主
S	壳体、壳程、壳层
S	南
S	特殊(伴管)
SA. V	取样阀
SC	取样冷却器
SCH. NO	壁厚系列号
SCRD	螺纹、螺旋
SECT	剖面图、部分、章、段、节
SEP	小端为平的
SET	小端带螺纹
S. EW	安全洗眼器
S. EW. S	安全喷淋洗眼器
SG	视镜
SH. ABR	减振器、振动吸收器
SK	草图、示意图
SLR	消音器
SL. V	滑阀
SN	锻制螺纹短管
SNR	缓冲器、锚链制止器、掏槽眼、减震器
SO	蒸汽吹出(清除)
SP	特殊件
SP	静压
S. P	设定点
S. P	设定压力、整定压力
SPEC	说明、规格特性、明细表
SP GR	相对密度(比重)
SP HT	比热容
SR	苯乙烯橡胶
S. S	安全喷淋器
S. S	不锈钢
SS	蒸汽源
ST	蒸汽伴热
ST	蒸汽(透平)
STD	标准
S. TE	T形结构
STL	钢
STM	蒸汽
STR	过滤器
SUCT	吸入、入口
SV	安全阀
SW	承插焊的
SW	开关
SYM	对称的
SYMB	符号、信号
T	T形、三通
T	蒸汽疏水阀
T	管子、管程、管层
T&B	顶和底
T/B(T-B)	顶到底
TE	螺纹端
TEMP(T)	温度
THD	螺纹的
THK	厚度
TIT	铁
TL	切线
TL/TL(TL-TL)	切线到切线
TOP	顶、管顶
TOS	架顶面、钢结构顶面
TR. V	节流阀
T. S	临时过滤器
TURB	透平机、涡轮机、汽轮机
U. C	公用工程连接口(公用物料连接口)
UFD	公用工程流程(公用物料流程图)
UG(U)	地、地下
UH	单元加热器、供热机组
UN	活接头、联合、结合
V	阀
V	制造商、卖主
VAC	真空
VARN	清漆
VBK	真空(阀)
VCM	厂商协调会
VEL	速度
VERT	垂直的、立式、垂线
VISC	黏度
VIT	玻璃状的、透明的
VOL	体积、容量、卷、册
VT	放空
V. T	缸瓦质、陶瓷质
VTH	放气孔、通气孔
VT. V	放空阀
W	西
WD	宽度、幅度、阔度
WE	随设备(配套)供货
W. I	熟(锻)铁
W. LD	工作荷载、操作荷载
WNF	对焊法兰
WP	全天候、防风雨的
W. P	工作点、操作的
WS	水源
WT	壁厚
WT	重量
XR	X射线

参考文献

[1] 董振珂主编. 化工制图. 北京：化学工业出版社，2004.
[2] 胡建生主编. 工程制图. 北京：化学工业出版社，2006.
[3] 熊放明主编. 化工制图. 北京：化学工业出版社，2008.
[4] 蔡庄红主编. 化工制图. 北京：化学工业出版社，2009.
[5] 叶玉驹主编. 机械制图手册. 第4版. 北京：机械工业出版社，2008.